개정판

Wine

소믈리에(Sommelier)
와인의 세계

김준철 · 안빈 · 안시준 · 이선희 · 조재덕

백산출판사

차례

Chapter

01

와인이란

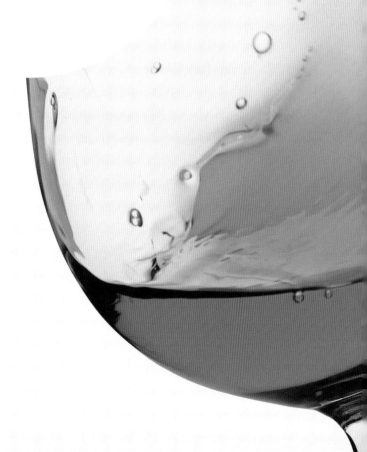

와인이란

와인이란 과실이나 식용열매 등을 발효한 술을 말한다. 그 가운데 포도주가 가장 많이 생산되므로 와인이란 포도주를 대변하게 되었고 그 외의 과실주는 과실의 이름을 붙여 부른다. 예를 들어 사과주인 경우 애플 와인(Apple Wine)이라고 한다. 와인(Wine)은 영어권에서 쓰는 통칭이며, 프랑스어로는 뱅(Vin), 독일어는 바인(Wein), 이탈리아어로는 비노(Vino)라고 한다.

와인은 건조된 곡류 등을 원료로 언제든지 대량으로 균일한 품질을 생산하는 맥주나 위스키, 스피릿(Spirits) 등과는 달리 신선한 포도를 수확한 직후에 그대로를 발효하여 만드는 술이다.

와인은 카테킨(Catechin), 타닌(Tannin), 레스베라트롤(Resberatrol) 등 인체 내에서 항산화작용을 하는 폴리페놀(Polyphenol)성분들을 함유하고 있어서 심혈관질환, 위장질환 및 퇴행성질환 등에 대한 효과가 있음이 구체적인 통계자료를 통해 밝혀지고 있다. 기원전 5세기경 히포크라테스(Hippocrates)는 와인은 살균작용과 이뇨작용을 하며 열을 내리고 빠른 회복을 도와준다고 예찬했으며, 성경에 의하면 사도 바울이 '이제부터는 물만 마시지 말고 네 비위와 잦은 병을 위해 포도주를 조금씩 자주 쓰라'(디모데전서 5 : 23)고 하는 내용이 기록되어 있다.

와인의 유형별 분류

색에 따른 분류
- Red Wine
- White Wine
- Rose Wine

맛에 따른 분류
- Sweet Wine
- Dry Wine
- Medium Dry Wine : Demi Dry or Semi Dry

알코올 첨가 유무에 따른 분류
- Fortified Wine(강화주)
- Unfortified Wine

탄산가스 유무에 따른 분류
- Sparkling Wine
- Still Wine

식사에 따른 분류
- Aperitif Wine
- Table Wine
- Dessert Wine

저장기간에 따른 분류
- Young Wine : 1-5년
- Aged Wine(or Old Wine) : 5-15년
- Great Wine : 15년 이상 오래 묵혀서 아주 좋은 와인

술의 분류

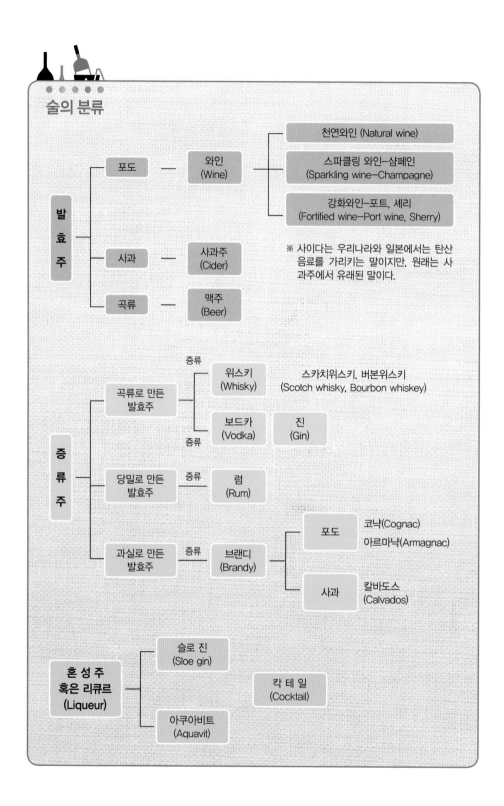

발효주

- 포도 — 와인 (Wine)
  - 천연와인 (Natural wine)
  - 스파클링 와인-샴페인 (Sparkling wine-Champagne)
  - 강화와인-포트, 셰리 (Fortified wine-Port wine, Sherry)
- 사과 — 사과주 (Cider)
- 곡류 — 맥주 (Beer)

※ 사이다는 우리나라와 일본에서는 탄산 음료를 가리키는 말이지만, 원래는 사과주에서 유래된 말이다.

증류주

- 곡류로 만든 발효주
  - 증류 — 위스키 (Whisky) 스카치위스키, 버본위스키 (Scotch whisky, Bourbon whiskey)
  - 증류 — 보드카 (Vodka) 진 (Gin)
- 당밀로 만든 발효주 — 증류 — 럼 (Rum)
- 과실로 만든 발효주 — 증류 — 브랜디 (Brandy)
  - 포도 코냑(Cognac) 아르마냑(Armagnac)
  - 사과 칼바도스 (Calvados)

혼성주 혹은 리큐르 (Liqueur)

- 슬로 진 (Sloe gin)
- 칵테일 (Cocktail)
- 아쿠아비트 (Aquavit)

와인의 역사

와인을 언제부터 만들기 시작했는지 정확히 알 수는 없지만 아마도 수확이 끝난 후 포도 저장 통에 남겨져 있었던 포도가 껍질에 붙어있던 이스트에 의해 자연스럽게 발효된 것을 누군가 발견한 것에서부터 시작되었을 것으로 추정되며, 고대 인류에게 와인은 신비스럽고 영험한 음료수로 여겨졌을 것으로 생각된다.

와인은 성경을 비롯하여 그리스 바쿠스 신화에 등장되어 성스러운 알코올음료로서 당시 사람들에게 큰 즐거움을 안

암포라

겨주는 대상이었으며 또한 당시 비위생적인 환경에서 음용수인 물을 비롯한 음식물의 위생 상태로 인해 겪었던 수많은 고통을 해결해 주기도 하는 신비한 힘을 지니고 있었다. 와인은 발효과정을 거치는 동안 효모(Yeast) 이외의 미생물이 자랄 수 없고 병원균의 침투가 있을 수 없으며 발효에 의해 생성된 알코올로 인하여 거의 무균상태로 변화되므로 의약품으로서 활용가치를 충분히 지닌 건강음료였다.

오랜 세월동안 기독교 교회에서는 성스러운 의식을 위한 성찬식에서 그리스도의 피를 대신하여 포도주를 사용해 오고 있으며, 흥취를 일으키는 축제, 그리고 식생활속의 음식의 동반자로서 희로애락을 같이 하고 있다.

* 이집트의 벽화 : 포도수확에서부터 마시기까지의 전 과정이 나타나 있다.

노아의 방주 그리고 바쿠스

포도나무의 원산지는 이란 북쪽 카스피 해와 흑해 사이 소아시아 지방으로 알려져 있다. 이곳은 성경에 나오는 노아가 홍수가 끝난 뒤 정착했다는 아라라트 산 근처로, 우연인지 필연인지 성경 구절과 일치하고 있다. 성경에는 노아가 포도나무를 심고 포도주를 마셨다(창세기9 : 20, 21)는 구절부터 시작하여 모세, 이사야, 예수 그리고 제자들의 선교활동에 이르기까지 포도나무와 와인에 대하여 수백 번 언급되어 있다.

그러나 확실한 역사적 근거는 고대 이집트 등 유적에서 찾아볼 수 있다. 이들은 포도를 으깨어 즙을 짜내고, 레드와인과 화이트와인을 구분하였고, 와인에 세금을 부과할 정도로 산업형태를 이루고 있었다. 초기에는 왕족 사이에서 고급음료와 의약품으로 사용되다가 점점 일반인에게 퍼지게 되었다.

고대 바빌로니아 함무라비 법전에는 와인에 물을 섞는 사건에 대해 언급할 정도로 중동지방에서는 와인산업이 발달했으며, 그 제법 또한 많이 발전하여 공기접촉을 방지하기 위해 아스팔트를 사용하고, 항상 시원하고 온도가 일정한 곳에 와인을 보관했다.

소아시아 문화가 그리스, 로마에 흡수되어 발달하면서, 찬란한 문화의 꽃을 피우던 헬레니즘시대에는 신화와 더불어 와인이 전성기를 맞게 된다. 바쿠스는 그리스

바쿠스

신화에서는 디오니소스라고 부르는 술의 신으로, 최초로 인류에게 와인 담는 법을 가르쳤다지만, 성경이나 이집트 와인 이야기보다는 훨씬 뒤의 일이다. 그렇지만 풍요로운 생활을 바탕으로 시와 음악, 그리고 미술 등 예술의 발달과 공연, 집회, 축제 등 문화적인 환경으로 인하여, 많은 사람들이 와인과 함께 시와 음악 그리고 철학을 이야기하게 된다.

로마인들은 포도 품종의 분류, 재배방법, 담는 방법에 이르기까지 획기적인 발전을 이룩하여 와인의 품질을 향상시키고, 나무통과 유리병을 사용하여 와인을 보관, 운반하기 시작했다. 이때부터 와인은 로마의 중요한 무역상품으로 유럽전역에 퍼지기 시작했고 당시 식민지이던 프랑스, 스페인, 독일남부까지 포도재배가 시작되었다.

수도승의 역할과 파스퇴르의 발견

로마제국이 쇠퇴해 가면서 점차 농업이 감소되었고, 와인산업도 사양길로 접어들게 되었다. 포도밭이 황폐되고 와인거래도 감소되어, 그야말로 중세 암흑시대로 들어간 것이다. 다만 교회의식에 필요한 와인만이 명맥을 유지하고 있었다.

이런 긴 동면에서 십자군 원정과 수도원의 활발한 움직임으로 와인산업이 다시 빛을 보게 되었다. 십자군은 중동지방에서 포도나무를 들여와 오늘날 유럽포도의 주종을 이루게 하였고, 수도승들은 풍부한 노동력과 안정된 조직력을 바탕으로 포도를 재배하고, 와인을 만들기시작했다.

당시 유럽에는 황무지가 많았고, 수도원은 세금이 면제되었기 때문에, 이들이 만든 와인은 교회의식에 필요한 수요를 충당하고, 판매수입원으로도 상당한 비중을 차지하게 되었다. 그리고 합리적이고 과학적인 관리방법을 도입하여 근대 와인제조의 기초를 확립하였다. 특히 프랑스의 베네딕트 수도승 '동 페리뇽(Dom Pérignon)'은 샴페인 제조법을 발견하고, 최초로 코르크 마개를 사용한 사람으로 알려져 있다.

동 페리뇽

19세기에 이르러 사람들은 어렴풋이 당분이 변하여 알코올과 탄산가스가 된다는 사실을 알았고, 1860년에 이르러 유명한 파스퇴르가 "미생물에 의해서 발효와 부패가 일어난다."는 당시로서는 획기적인 이론을 주장하여, 와인제조에 새로운 장을 열게 되었다.

이러한 과학적인 발견으로 순수효모 배양, 살균, 그리고 숙성에 이르는 제조방법을 개선하게 되었고, 산업혁명이후 발달된 기계공업을 도입하여, 비교적 싼값으로 와인을 대량생산하게 되어, 와인은 일반대중의 생활 깊숙이 침투하게 되었다. 오늘날 와인은 이러한 오랜 전통과 자연과학이 빚어낸 걸작으로 그 가치를 더욱 빛내고 있다고 할 수 있다.

포도는 온대지방에서 잘 자라지만, 특히 여름이 건조하고 겨울에 춥지 않은 지중해성

기후에서 좋은 와인용 포도가 생산된다. 적포도는 강렬한 햇볕이 내리쬐는 지중해 연안에서 풍부한 당과 진한 색깔을 낼 수 있고, 화이트 와인 원료인 청포도는 약간 서늘한 곳에서 자라 신맛이 적절히 배합된 포도가 좋다.

이러한 조건을 골고루 갖춘 곳은 프랑스로, 북쪽지방의 청포도와 남쪽지방의 적포도는 와인용 포도로서 완벽하기 때문에 와인의 질과 양에서 세계제일을 자랑하고 있다. 한때 로마황제는 당시 프랑스 포도가 로마의 와인산업을 위협한다고 프랑스 지방 포도나무를 모두 없애라는 명령을 내린 적도 있지만, 프랑스 사람들의 와인에 대한 사랑과 정열이 오늘날 프랑스 와인을 세계적인 상품으로 끌어 올렸다고 할 수 있다.

로마시대부터 와인의 종주국임을 자처하는 이탈리아는 와인의 생산량, 소비량, 수출량에 이르기까지 프랑스와 다투고 있으나, 아직도 프랑스의 그늘에 가려 보이지 않는 장벽을 넘지 못하고 있다. 이는 근세까지 도시국가로 나뉘어 지내온 이탈리아의 정치적 배경에도 그 이유가 있겠지만, 프랑스 보다 뒤늦게 체제를 정하고 수출에 대한 인식도 늦어졌기 때문으로 보고 있다.

그 외 스페인의 셰리(Sherry)와 포르투갈의 포트와인(Port Wine)은 특수한 방법으로 발효시켜 고유의 맛과 향기를 지닌 디저트용 와인으로 유명하다. 그리고 독일은 포도재배의 북방 한계점이라는 약점을 극복하고, 풍토에 맞는 특이한 품종으로 고급 화이트 와인을 생산하고 있으며, 그밖에 러시아 남부, 그리스, 헝가리 등 동유럽에서도 지역적인 특성을 살린 와인을 생산하여 각각 독특한 맛을 자랑하고 있다.

한편 신대륙에서는 캘리포니아, 오스트레일리아, 남미, 남아프리카 등이 천혜의 기후조건을 바탕으로, 우수한 기술과 풍부한 자본으로 와인을 생산하여 유럽와인의 질을 능가하고 있다.

와인은 서양역사와 함께 시작하여 그 맥을 같이하기 때문에 와인의 역사를 서양문화의 흐름과 꼭 같다고 해도 거의 틀리지 않을 정도로, 이들의 생활에 깊숙이 자리 잡고 있다.

좋은 와인이란

와인은 다른 종류의 술과는 달리 천차만별로 다르다. 처음 마셨을 때 황홀함을 주지만 더 마셨을 때 곧 싫증이 나기도 하며, 마시다보면 곧 단순하고 무덤덤하게 느껴지는 와인도 있다. 반면에 초기에는 별다른 특성을 드러내지 않다가 시간이 지날수록 아름답고 우아하게 내면의 세계를 드러내는 와인도 있다.

훌륭하게 잘 만들어진 와인은 생산지역과 품종 등을 가늠할 수 있는 기준을 확실하게 드러내며, 그 와인이 만들어진 환경을 잘 느낄 수 있도록 해주기 때문에 오랫동안 기억 속에 남게 되며 쉽게 잊을 수 없게 만든다.

중생대 화석암

화산지대 포도밭 토양

이탈리아 리카솔리 포도밭 암석

포도의 종류

와인의 품질은 포도의 품질 및 상태에 따라 직접 영향을 받으므로 좋은 포도의 선택은 바로 와인의 품질을 결정한다.

포도나무를 학술적으로 분류할 수 있겠지만, 여기서는 와인과 관련시켜 편의상 세 가지로 나누어 보기로 하자. 즉 유럽 종(Vitis. vinifera), 미국 종(Vitis. labrusca 등), 그리고 잡종(Hybrid)으로 유럽 종은 카스피 해 연안이 원산지이며, 수천 년에 걸쳐 유럽지역에서 재배되어 오면서, 맛과 향에 있어서 세계적으로 가장 우수하다. 양질의 와인은 모두 이 유럽 종을 사용하여 만들어지고 있다.

프랑스 보르도지역 포도밭

초기 미국에 건너 온 유럽 사람이 유럽 종 포도를 재배했지만, 기후조건 등의 차이 때문에 실패를 거듭하면서 미국 종 포도가 유럽으로 흘러들어 가게 되었다. 이 때 미국 종 포도의 뿌리를 갉아먹는 필록세라(Phylloxera)라는 해충이 유럽으로 건너가 유럽의 포도밭을 황폐화 시키자, 필록세라에 저항력이 강한 미국 종 포도 대목에 유럽 종 가지를 접붙여서 유럽의 와인산업을 위기에 구한 적이 있다.

이태리 토스카나 포도밭

포도의 생산지와 테루아르

포도의 종류가 같아도 기후와 토양이 다르면 그 맛과 질이 달라진다. 좋은 예가 피노 누아로 프랑스 부르고뉴 지방에서는 세계 최고급 와인이 생산되고 있는데, 캘리포니아에 건너와서는 수준 이하의 와인이 만들어진다. 이것은 와인의 품질에 지대한 영향력을 미치는 요인은 생산 기술보다는 재배기후와 토양이 더 크게 작용하고 있음을 말해 주

테루아르의 주요 요소

토양

토양의 성질은 토양 모재(무슨 암석으로 되었는지?), 토양의 입도(점토, 모래, 자갈 중 어느 것인가?), 지층 구조(배수가 잘 되고 뿌리가 깊이 뻗을 수 있는가?) 등으로 판단한다.

기후

기후에는 기온, 일조량, 강수량, 바람, 서리 등의 영향으로 이루어지는데, 그 중 일조량, 강우량 및 습도 등이 가장 밀접한 영향을 주는 요소들이다.

지형

포도나무는 포도밭이 속한 지방의 위도, 고도, 경사도, 방향, 호수나 강의 근접도 등에 의 영향을 받는다. 포도밭 주변에 강이나 호수가 있으면 햇빛을 직각으로 받을 수 있으며, 거대한 열 저장고가 되어 급격한 온도 변화를 방지하여 늦서리 등의 피해를 줄인다. 예를 들면, 일조량이 부족한 독일 라인가우의 포도밭은 라인강으로부터 햇볕의 반사를 받아 일조량 부족을 해결한다.

인위적 요인

품종의 선택, 수확량(재식밀도 및 그린하비스트 정도) 결정, 수작업 정도, 기계화 정도, 수확된 포도의 사용정도(좋은 포도송이만 사용할지 여부), 작황이 나쁜 해에 와인생산 중단여부, 와인 제조 시 포도줄기의 사용여부, 유기농 여부 등 와인제조자의 철학과 기준에 의해 만들어지는 와인이 크게 달라질 수 있다.

는 증거이다.

특히 프랑스는 오래전부터 포도밭에 등급과 순위를 매겨, 수확되는 포도의 질과 상관없이 품질을 결정해 버린다. 즉 포도가 수확되기 이전에 와인 등급이 이미 결정되므로, 상당한 모순이 내포된 제도로 여겨질 만 하지만, 포도의 생산지는 그만큼 중요한 요소로 작용되고 있다.

이렇게 포도가 자라는 환경을 프랑스어로 테루아르(Terroir)라고 하며, 영어로는 토양이나 토지 등을 의미한다. 그러나 와인에 관련해서 테루아르는 토양만을 의미하고 있는 것이 아니라, 포도를 심어서 수확할 때까지의 환경 전체를 가리킨다.

포도 생산연도

해마다 기후가 같지 않다는 것은 누구나 다 알고 있는 사실이다. 포도는 기온과 강우량 그리고 일조시간에 민감하게 영향을 받기 때문에 그 해의 모든 일기조건이 결정적으로 포도품질을 좌우한다. 아무리 좋은 포도를 재배해도 그 해 기후조건이 좋지 않으면 좋은 와인이 생산되지 않는다. 기후의 변덕이 심한 지역일수록 이 문제는 더 심각하다.

와인 제조기술

최종적으로 좋은 포도가 생산됐으나 만드는 사람의 기술과 성의가 부족하면 좋은 와인은 생산되지 않는다. 와인을 만드는 데는 좋은 기구를 사용하고 최신기술을 적용하면 별 문제가 없는 듯하지만 와인을 만드는 과정은 복잡하고, 경험이 요구되기 때문에 좋은 기구와 기술만으로 좋은 와인의 생산이 보장되지 않는다.

와인을 만드는 데도 인위적인 힘보다 자연적인 힘을 이용하므로 와인을 만드는 사람을 '제조업자(Manufacturer)'라 하지 않고 '재배자(Grower)'라고 부르기까지 한다. 대체로 대규모 생산설비와 자동화를 갖춘 회사의 와인은 값이 싸고, 전통적인 방법으로 소규모 생산되는 와인이 비싼 이유도 이런 면을 고려하면 이해할 수 있다.

Chapter

02

포도 품종

포도 품종

화이트와인 품종

- 샤르도네(Chardonnay) : 세계 최고의 화이트 와인용 품종. 다른 품종에 비해 중성의 맛과 향을 가지며, 특유의 맛과 풍부한 향을 지녀 보통 오크통 속에서 숙성시킨다.

- 쇼비뇽 블랑(Sauvignon Blanc) : 일명 퓌메 블랑(Fume Blanc)이라고도 하며, 산뜻하고 신선하며 강한 맛을 즐길 수 있다.

- 리슬링(Riesling) : 독일을 대표하는 품종으로 라인과 모젤지방 그리고 프랑스의 알자스 등 비교적 시원한 지방에서 재배되는 품종으로 신선하고 독특한 향을 내며 가끔은 광물성 향이 날 때도 있으며, 초보자가 마시기에 적합한 품종으로 알려져 있다.

- 세미용(Semillon) : 프랑스 보르도에서 소비뇽 블랑과 블렌딩하며, 소테른(Sauternes)지역에서 귀부 현상(Noble rot)으로 최고급 스위트와인이 만들어지기도 한다. 호주에서도 쇼비뇽 블랑과 함께 블랜딩하며, 숙성된 세미용 와인은 꿀 냄새로 발전되지만 대부분 영 와인 때 소비된다.

- 게뷔르츠트라미너(Gewurztraminer) : 독일과 프랑스 알자스지방에서 재배되는 품종으로 리슬링과 비슷하나, 리슬링보다는 건조하고 자극적이다. 독일의 팔츠(Pfaiz)가 원산지이며, 알자스에서 정책적인 대표품종으로 만들고 있다.

- 슈냉 블랑(Chenin Blanc) : 프랑스 루아르 계곡이 주요 산지이며, 드라이와인에서부터 세미 스위트 타입까지 다양한 와인이 만들어지고 있으며, 식전주로 많이 이용되며 과 일향이 짙다.

- 피노 그리(Pinot gris) : 힘차고 진한 향을 내며 때로는 단 맛을 지니기도 하며, 루아르 지방에서도 재배되며 부르고뉴에서도 약간 재배된다.

- 비오니에(Viognier) : 향이 뛰어나며 론 지역에서 주로 재배되며 섬세한 분위기로서 복숭아, 살구 향이 지배적이다.

- 머스캣, 뮈스카(Muscat) : 특정 품종이 아니고 식용, 건포도, 와인용 등으로 다양하게 쓰이는 여러 가지 품종을 하나로 묶어서 표현한 것이다.

- 실바네르(Sylvaner) / 질바너(Silvaner) : 오스트리아가 원산지로서 중부 유럽에서 많이 생산한다.

레드와인 품종

- 카베르네 쇼비뇽(Cabernet Sauvignon) : 레드와인의 교과서라 할 만큼 프랑스를 비 롯한 와인 명산지에서 많이 재배되는 품종이다. 프랑스 보르도(Bordeaux)의 레드와인 을 만드는 대표적인 품종으로 색이 진하고 타닌(Tannin)이 많아 맛이 거칠지만, 숙성 기간을 거치면서 부드러워 지면서 고유의 다양한 맛을 낸다. 미국의 캘리포니아 및 호 주에서도 카베르네 쇼비뇽으로 좋은 와인을 만들고 있다.

- 메를로(Merlot) : 색깔이 좋고 부드럽고 원만한 맛을 내기 때문에 카베르네 쇼비뇽에 블렌딩하는 품종으로 사용되었는데, 요즈음에는 단일 품종으로도 많이 사용되며, 세계에서 가장 비싼 와인으로 정평이 나 있는 보르도 포므롤의 특산 와인인 샤토 페 트뤼스(Chateau Petrus)의 주요 품종이다.

- 피노 누아(Pinot noir) : 부르고뉴(Bourgogne) 지방에서 가장 잘 자라는 품종으로 부르 고뉴 대부분의 레드와인은 이 품종으로 만든다. 카베르네 쇼비뇽에 비해 색깔도 연

하며 타닌함량이 적어 빨리 숙성되며, 부르고뉴의 최고급품은 부드러운 맛에 복합적인 향으로 옛날부터 프랑스 명사들이 극찬했던 품종이다.

- 시라 / 쉬라즈(Syrah / Shiraz) : 프랑스의 론(Rhone)지방 최고의 포도 품종으로 호주에 전파되어 최고의 레드와인이 생산되고 있다. 타닌 함량이 많고 향기와 색깔도 진해서 숙성기간이 길어 깊은 맛을 가지며 오래 보관할 수 있는 묵직한 남성적인 와인이 만들어 진다. 캘리포니아에서도 많이 재배되며, 간혹 에르미타주(Hermitage)라고도 한다.

- 가메이(Gamay) : 부르고뉴(Bourgogne)의 남쪽 보졸레(Beaujolais) 지역에서 대부분 재배되고 있으며, 신선한 과일 향이 풍부하고 경쾌한 햇와인으로 유명한 보졸레 누보(Beaujolais Nouveau)를 만드는 품종이다. 조르주 드뵈프에 의한 보졸레누보데이(매년 11월 3번째 목요일)를 기해 전 세계 주요도시에 보내져 시음 및 판매가 이루어지고 있다.

- 네비올로(Nebbiolo) : 이탈리아 피에몬테(Piedmonte)지역에서 잘 재배되는 이탈리아 최고의 레드와인용 품종이며, 장미색 뉘앙스의 색을 띠며, 묵직하면서도 독특한 향을 지녀 감칠맛이 풍부한 레드와인을 만든다. 바롤로(Barolo), 바르바레스코(Barbaresco) 등지의 최고품질 레드와인의 원료이며, 장기 숙성용 품종이다.

- 산지오베제(Sangiovese) : 이탈리아 토스카나(Toscana)지방을 중심으로 재배되고 있는 이탈리아를 대표하는 포도 품종으로 선홍색을 띠며 약간의 산미가 특징이며, 키안티(Chianti), 브루넬로 디 몬탈치노(Brunello di Montalcino), 비노 노빌레 몬테풀치아노(Vino Nobile di Montepulciano) 등의 와인을 만든다.

- 그르나슈(Grenache) : 론 강 계곡과 랑그도크 루시용(Languedoc-Roussillon) 지방에서 재배되며 알코올 함량이 높으면서 바디가 강하고 비교적 빨리 숙성이 되는 편이다. 세계에서 가장 많이 재배되는 레드와인용 품종이다.

- 카베르네 프랑(Cabernet Franc) : 카베르네 소비뇽에 비해 섬세함은 못하지만 풍부한 향을 갖고 있어 생테밀리옹(St-Emilion)과 포므롤(Pomerol)에서 '부세(Bouchet)'라는 이름으로 많이 재배 품종이다. 카베르네 쇼비뇽보다 가볍고 흙냄새가 진하며 부드럽고 온화한 맛의 와인을 만든다.

- 템프라니요(Tempranillo) : 스페인에서 가장 많이 재배되는 품종으로 영어로는 'Early' 라는 뜻의 조생종으로 가을비를 피할 수 있고, 더운 여름과 추운 겨울도 잘 견디는 품종으로, 잘 익은 딸기와 체리 향에 바닐라와 스파이시한 향을 가지고 있다.

- 진판델(Zinfandel) : 미국 캘리포니아(California)에서 주로 재배되는 품종으로 레드 및 로제를 만들며, 가벼운 와인에서부터 짙고 힘찬 와인까지 다양하게 만들어 진다.

| 샤르도네 | 쇼비뇽 블랑 | 리슬링 |
| 머스캣 | 카베르네 쇼비뇽 | 메를로 |

Chapter

03

와인 제조

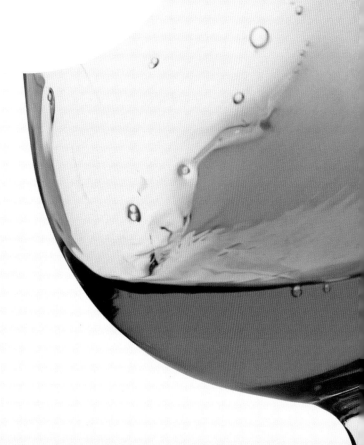

와인 제조

포도를 원료로 와인이 만들어지는 과정은 아주 간단하다. 포도를 으깨서 그대로 두면 포도껍질에 묻어있는 효모(Yeast)에 의해 발효가 일어나 와인으로 변화된다. 원숭이들도 포도를 따서 돌 구덩이나 나무둥치에 저장하여 와인을 만든다고 하며, 이를 원주(猿酒)라 하는데, 이는 가장 원시적인 와인형태로 고대 인류도 이렇게 만들기 시작했을 것으로 추정하고 있다.

오늘날의 와인은 과수재배를 비롯하여 발효화학, 기계공학, 식품화학, 예술까지 여러 분야에 걸친 복합적인 완성품이다. 프랑스, 미국 및 이탈리아 등 외국 대학에서는 '와인 양조학(Enology)'이라는 와인만을 전문으로 연구하고 가르치는 학과를 두고 인재를 배출하여 와인산업의 발전을 위해 전력을 기울이고 있다.

포도의 수확(Harvest)

포도의 성숙도는 와인 품질을 결정하는 가장 중요한 요소이다. 그래서 와인제조자(Wine Maker)는 포도의 성숙도를 조절할 줄 아는 알아야 한다. 수확량을 줄이는 것이 반드시 품질을 높여 주는 것은 아니지만 많은 와이너리(Winery)에서 인위적인 방법을 쓰더라도 수확량을 줄여서 포도의 질을 높이려고 애쓰고 있다.

특이한 방법으로, 프랑스 소테른지역에서는 포도를 늦게까지 나무에 매달아 놓고 포도껍질에 보트리티스 시네리아(Botrytis cinerea)라는 곰팡이를 생기게 만들어서 포도 알맹이가 수축되고 건포도와 같이 당분이 농축되어, 높아진 당분함량의 포도로 스위트 와인을 만들기도 하며, 이탈리아 북서부 베네토지역에서는 포도를 수확한 이후 3-4개

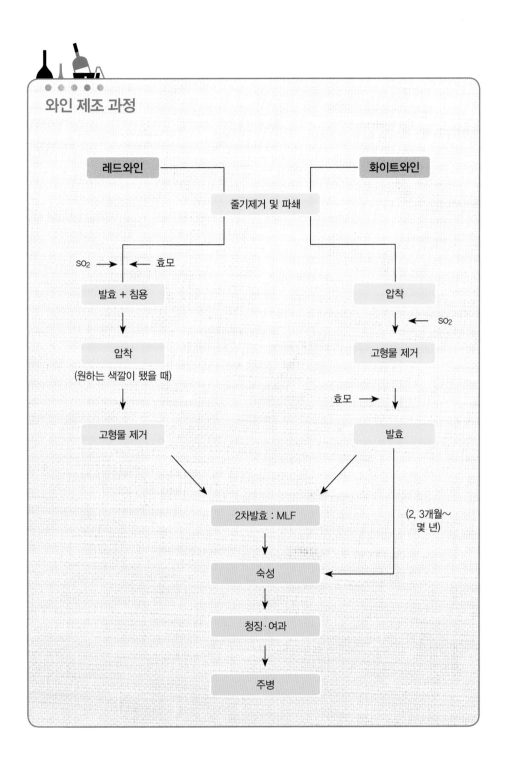

와인 제조 과정

| 레드와인 | | 화이트와인 |

줄기제거 및 파쇄

SO₂ → ← 효모

발효 + 침용

압착
(원하는 색깔이 됐을 때)

고형물 제거

압착

SO₂

고형물 제거

효모 →

발효

(2, 3개월~
몇 년)

2차발효 : MLF

숙성

청징·여과

주병

월 동안 시원한 곳에서 건조시켜 당분함량을 높인 뒤 발효시켜 15-16 % 정도의 알코올 함량을 가지며 5년 이상 숙성을 요하는 아로마네(Amarone)라는 특이한 레드와인을 만들어 내기도 한다.

제경(Destemming)

포도송이에서 포도알만 분리시키는 작업을 말한다.

파쇄(Crushing)

포도를 으깨는 작업으로 전통적인 방법으로는 맨발로 밟아 으깨는 작업을 진행했는데, 이는 씨나 껍질손상을 주지 않기 때문이었다.

이산화황 첨가(Addition of Sulfite)

이산화황(SO_2)은 과즙의 산화방지제로 와인생산에 필수적인 존재로 오래 전부터 사용되어 왔다. 산화방지는 물론 잡균오염방지, 색깔의 선명도 유지 등 와인의 발효와 저장에 해결사 역할을 하고 있다.

포도송이에서 열매를 분리하고 나면 곧바로 전체 사용량을 계산하여, 포도전체에 골고루 퍼질 수 있도록 용액으로 만들어 사용하는 것이 좋다.

● ● ● ● ●
타닌(Tannin)

포도의 씨, 껍질, 가지 및 오크통에서 우러나오는 성분으로, 와인에서 불순물을 가라앉히는 청징작용, 살균작용, 항산화작용 등을 하며, 와인에 적당한 떫은맛과 텁텁한 감촉을 결정짓는 중요한 작용을 한다.

와인 발효(Fermentation)

포도즙이 발효가 일어나면 끓어오르며 열이 발생되며, 얼마 후 포도의 당분이 변화하여 와인이 된다. 즉 포도의 당분이 알코올로 변한다.

$$C_6H_{12}O_6 \rightarrow 2C_2H_5OH + 2CO_2$$
포도당　　　알코올　　　탄산가스

색소 추출(Maceration)

레드와인은 고유의 색깔과 맛을 낼 수 있어야 한다. 발효 중 탱크내부를 살펴보면 밑바닥에는 씨가 가라앉아 있고, 중간에는 주스, 표면에는 껍질이 떠있다. 떠있는 껍질을 가만히 두면, 표면이 마르면서 곰팡이가 자라므로 탱크 아래층의 주스를 뽑아서 껍질에 뿌려주거나(Pumping over), 기구를 이용하여 연속적으로 껍질을 가라 앉혀야 한다. 그래야 껍질의 색소가 우러나오고, 표면의 곰팡이 번식도 막을 수 있다. 이 껍질의 색소 추출작업은 조심스럽게 관찰해 가면서 원하는 색깔이 나올 때까지 계속한다. 이렇게 껍질과 접촉하여 색소가 우러나오게 하는 작업을 추출(Maceration)이라 하고 그 기간을 영어로 'Skin Contact Time(SCT)'이라고 하여, 레드와인 발효의 가장 핵심적인 작업이라고 할 수 있다.

압착(Pressing)

원하는 색깔이 형성된 후, 고형물을 분리시키는 작업을 말한다. 힘을 가하지 않고 자연적으로 유출되는 와인을 프리 런 와인(Free run wine)이라하며 고급와인에 쓰이며, 남아있는 고형물을 압착시켜 나오는 액을 프레스 와인(Press wine)이라고 한다.

젖산발효(Malolactic fermentation : 2차 발효)

당분이 알코올로 변하는 1차 발효가 일어난 후 이어서 와인의 품질에 중요한 영향을 주는 느린 발효가 일어나는데 이를 2차 발효라 한다.

> 2차 발효 : 말로락트 발효(Malolactic Fermentation)
>
> 사과산(Malic Acid) ⟶ 젖산(Lactic Acid)

이 발효는 포도 중의 사과산(Malic acid)이 박테리아에 의해서 젖산(Lactic acid)으로 변하면서, 와인의 맛이 부드러워지고 향기도 훨씬 세련되게 변화한다. 레드와인에는 이 발효가 필수적이지만, 화이트 와인이나 로제 등은 신선한 맛 때문에 이 발효를 생략하기도 한다.

로제(Rosé)와인 제조

로제는 레드와 화이트의 중간상태의 색깔이 포인트로 보통 레드와인과 화이트와인을 섞거나, 적포도를 으깨어 화이트와인 만드는 방법으로 만들거나, 레드와인을 발효시키면서 색소 추출을 조금만 하여 바로 꺼내는 방법 등을 사용한다.

숙성(Aging)

발효가 갓 끝난 와인은 향이나 맛이 매우 거칠어서 숙성기간을 갖는데, 와인에 따라 몇 개월에서 몇 년까지 숙성기간이 경과되면 맛이 부드러워지면서 원료포도에서 우러나온 아로마(Aroma)가 점점 약해지고, 원숙한 부케(Bouquet)가 새로 형성된다.

아로마(Aroma)와 부케(Bouquet)

두 가지 모두 와인의 향을 의미하는데, 아로마는 원료에서 우러나오는 향기를 말하고, 부케는 발효, 숙성 중에 형성되는 향기를 가리킨다. 품종은 아로마로 구별할 수 있고 숙성정도는 부케로써 알 수 있다.

주병(Bottling)

정제(Fining)나 여과(Filtering)과정을 거친 후 와인을 병에 담고 코르크(Cork)나 트위스트 캡(Twist Cap)으로 밀봉한다. 주병한 후에도 와인에 따라 몇 달이나 수년 동안 저장 및 숙성기간을 거치기도 한다. 고급 레드와인은 묵직하고 텁텁한 맛이 부드러워질 수 있으나, 대부분의 화이트나 로제와인은 병에 넣을 당시의 맛이 최고이다.

오히려 병에 넣은 채로 너무 오래두거나, 병을 세워서 보관하면 코르크마개가 건조되면서 공기유통을 활발해져 부패하게 된다. 와인을 오래 보관하려면 눕혀서 서늘한 곳에 두어야 한다.

주석(Tartrate, 酒石) 등 이물질 제거

와인 보관도중 산의 주성분인 주석산(Tartaric acid)이 칼슘이나 칼륨과 결합하여 주석(酒石)이 되어, 탱크 바닥이나 심하면 주병 후에도 모래와 같은 작은 입자로 뭉쳐서 가라앉는다. 인체에 해는 없으나, 상품으로서 질을 떨어뜨리고, 냉동이나 기타 여러 가지 방법으로 미리 제거한 후 병에 넣어야 한다.

코르크(Cork)마개

코르크는 수령 40년 이상이 된 코르크나무(Quercus suber)의 껍질을 벗겨서 만드는데 포르투갈에서 세계 코르크(Cork)의 약 50%를 공급하고 있다.

코르크는 9년 간격으로 수확하므로, 9개의 나이테를 가지며, 코르크에 새겨진 나이테가 많을수록 품질이 우수하다고 보는데, 그만큼 조직이 치밀한 것이기 때문이다. 그래서 일반적으로 샴페인이나 고급와인에는 고급 코르크를 사용한다.

코르크 마개가 숨을 쉰다?

"병에서 숙성하는 동안 산소가 코르크 마개를 뚫고 들어간다", "코르크는 숨 쉬고 있다."라는 이야기가 있는데, 코르크가 숨 쉬면 공기가 들어가서 와인이 부패하게 된다. 사실 코르크 마개로 밀봉한 와인 병을 눕혀서 보관하면, 와인과 코르크가 접촉하여 와인을 흡수하여 팽창하게 되므로 공기유통은 거의 불가능하다.

오크통(Oak barrel)

오크통은 와인의 저장, 운반에 가장 적합한 용기로 약 2,000년 전 로마시대부터 사용되기 시작했으며 오크나무(Quercus robur 혹은 sessilis)를 재료로 만드는데 프랑스의 리무쟁(Limousin)지역 오크나무는 나이테의 간격이 넓어서 와인의 침투가 빨라 추출이 잘 된다. 고급은 느베르(Nevers), 트롱세(Troncais) 등의 것을 사용한다.

오크통을 만들려면 우선 정교하게 자르고 가다듬어, 불을 이용하여 구부려 완성한 후 내부에 불을 붙여 와인용은 가볍게 그을리고 위스키나 럼 등 증류주용은 강하게 그을린다. 요즈음은 편의상 탱크에 와인을 넣고, 오크나무의 작은 조각(Oak chip)들을 넣어서 숙성시키기도 한다. 오크통 숙성과 스테인리스스틸 탱크 숙성에는 많은 차이가 있다. 물론 오크통에서 숙성시킨 것이 더 좋다는 점은 말할 것도 없다. 스테인리스 스틸 탱크에서는 숙성이 거의 이루어지지 않고, 와인도 혼탁한 상태로 오래있게 된다. 그 이유는 공기의 접촉이 거의 없고 오히려 탄산 가스가 가득 차 있기 때문이다.

그러나 오크통에서는 타닌 등의 용출로 인하여 자체적으로 맑아지고, 적절한 공기접촉으로 산화가 조금씩 진행되면서 오크통 성분과 와인이 반응하여 다양하고 세련된 와인부케가 형성된다. 새 오크통에 와인을 저장하면 1년 동안 오크통에서 ℓ 당 200 ㎖ 정도의 성분이 용출된다.

포도선별

발효조

색소추출(Maceration)

펌핑 오버(Pumping Over)

오크통(Oak Barrel) 숙성

주병(Bottling)

라벨 작업(Labeling)

상자에 담기(Casing)

와인 라벨

Chapter 04

와인 라벨

와인이 쉬운 대상이 아니며 까다롭게 여겨지는 이유 중 하나는 병에 표기된 라벨을 이해하지 못하기 때문이기도 하다. 와인 라벨은 와인을 생산하는 나라마다 혹은 지역마다 그들의 전통방식에 따라 각기 다른 스타일로 표기하기 때문에 한눈에 파악하기가 용이하지 않다. 그러나 자세히 들여다보면 그 와인이 가지고 있는 특성을 이해할 수 있는 정보가 표기되어 있어, 포도 재배지역, 포도 품종, 등급, 와인 생산자, 빈티지 및 알코올 농도 등이 표기되어 있다. 라벨에 나타난 정보들로 부터 그 와인을 이해하고 판단하며 구매에 연결되기 때문에 라벨 표시는 와인에 있어 매우 중요한 요소이다.

무통 로칠드 피카소

AOC 와인 라벨 표기

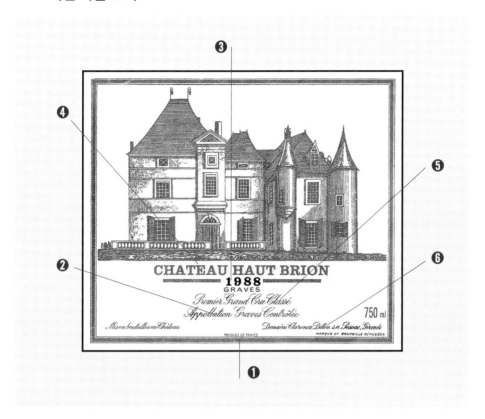

① 생산국 명칭 : 프랑스(France)

와인을 생산한 국가를 표기한다.

② 생산지역 명칭 : 포이야크(Pauillac)

AOC 와인 라벨에서 가장 중요한 것은 원산지통제 명칭으로, AOC에 정해진 지정 재배지역의 이름이다. 아펠라시옹(Appellation)이라는 단어와 콩트롤레(Contrôlée)라고 하는 단어의 사이에 이 지정 재배지가 기재된다. 예를 들어 '아펠라시옹 메도크 콩트로레(Appellation Medoc Contrôlée)'라고 기재되어 있다면 메도크 지구에서 생산된 와인을 말한다.

③ 수확 년도 : 빈티지(Vintage)

다음으로 빈티지를 확인한다. 와인은 자연농산물인 포도를 원료로 하므로 기상조건이 좋은 해에 좋은 와인을 만들 수 있다. 그러나 어느 해에 어느 곳의 기후가 좋았는지를 기억하는 일은 쉽지 않으므로 빈티지 차트를 참고한다.

④ 샤토(Chateau) 명칭

보르도에서 시작된 샤토 명칭은 포도재배에서 부터 병입에 이르기까지 양조시설을 갖추고 와인을 생산하는 포도원에만 사용할 수 있는 명칭이다. 샤토 명칭의 기재는 생산자가 자랑하는 브랜드명이기도 하기 때문에 대부분 눈에 띄게 기재되어 있다.

⑤ 등급(그랑 크뤼와인 등급 명시)

샤토의 등급설정을 나타내는 표시로 1855년 메독 리스트에 오른 그랑크뤼 클라세 와인임을 표기하고 있다.

⑥ 제조업체

샤토 바타이에를 만든 보리 마누 제조회사명과 소재지역명이 기재되어 있다.

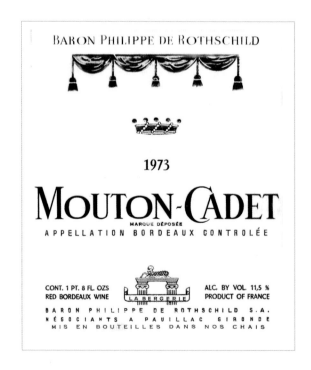

AOC(APPELLATION D'ORIGINE CONTRÔLÉE) 표기사항- 원산지 통제명칭 와인

① **원산지 명칭** : 원산지는 그 와인에 사용된 포도가 재배된 지역을 의미한다. 예시된 라벨처럼 보르도일수도 있고 보르도의 포므롤처럼 세부지역으로 표기할 수도 있다. 프랑스의 AOC등급 와인의 경우 포도 품종을 따로 표기하지 않는다. 원산지에 따라 품종을 엄격하게 통제하기 때문에 원산지의 명칭만 봐도 어떤 품종인지 대략 알수 있다.

② **AOC급 와인임을 표기** : 프랑스는 원산지를 통제하기 때문에 반드시 기입해야 한다. 와인 등급에 관한 자세한 설명은 세계 와인 산지에서 자세히 볼 수 있다.

③ **와인 주병업자의 이름과 주소** : 이 와인의 경우 바롱 필립 드 로칠드사가 와인을 주병했다는 것이 표시되어 있다. 와인에 따라서는 7번에 표기된 제조업체와 와인 주병업자가 다를 수도 있다.

④ **용기내의 와인 순용량** : 일반적인 Bottle은 75cl(750ml의 프랑스식 표기)이지만 375ml의 하프 와인(Half wine)도 있으며 1.5리터의 경우 매그넘(Magnum), 3리터는 제로보암(Jeroboam)이라고 칭하기도 한다.

⑤ **알코올 도수 - 의무사항**

⑥ **브랜드 네임** : 상품의 이름을 나타내며 이 상품의 이름은 무통 카데이다.

⑦ **제조업체** : 소유주의 주소 무통 카데를 만든 바롱 필립 드 로칠드사의 주소가 기재되어 있다.

⑧ **주병 장소** : 포도원에서 직접 주병한 경우도 있지만 와인에 따라 생산자의 주소와 주병 장소가 다를 수 있다.

⑨ **빈티지** : 포도의 수확 년도 빈티지를 의미하고 와인 주병 연도와는 다르다. 기후가 좋았던 빈티지 년도에 따라 와인 가격이 달라지기도 한다.

⑩ **생산국가** : 와인을 생산한 국가를 표기한다.

무통 로칠드 빈티지별 라벨

Chapter

05

프랑스 와인

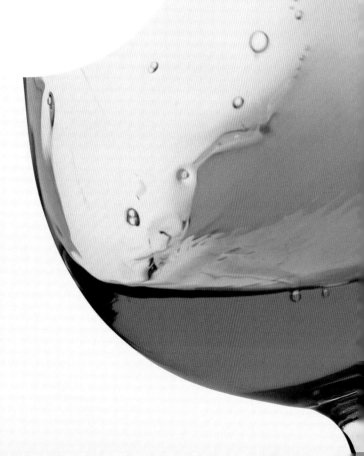

프랑스 와인

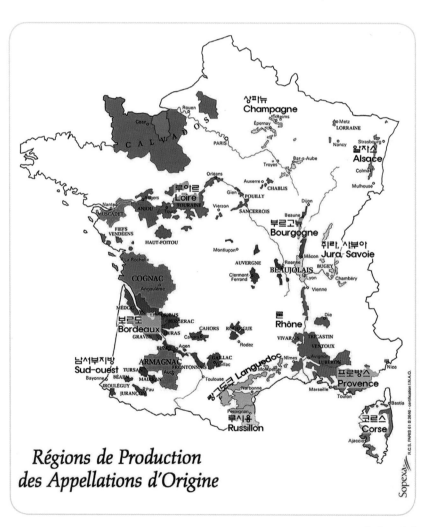

Régions de Production
des Appellations d'Origine

출처 : 소펙사

프랑스는 전통적으로 이름 있는 포도원의 역사적 배경과 기후, 토질 등을 바탕으로 등급을 정해 버린 곳이 많고, 또 각 지역별로 사용하는 포도의 품종, 담는 방법이 정해져 있어서, 상표에도 품종을 표시하지 않고, 생산지명과 등급을 표시하는 경우가 많다. 따라서 각 생산지역의 특징을 파악하지 않으면, 그 곳에서 생산되는 와인이 어떤 것인지 알 수 없게 된다.

생산지역

● 보르도(Bordeaux) : 레드와인과 화이트 와인

● 부르고뉴(Bourgogne) : 레드와인과 화이트 와인(영어식으로 Burgundy)

● 론(Rhône) : 대부분 레드와인

● 샹파뉴(Champagne) : 스파클링 와인-샴페인(프랑스식 발음은 샹파뉴)

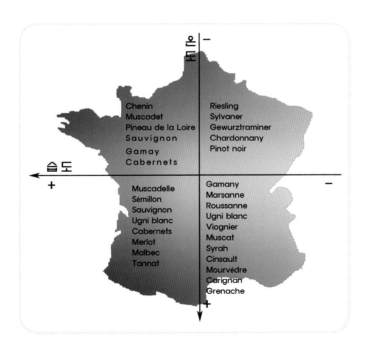

- 알자스(Alsace) : 대부분 화이트 와인

- 루아르(Loire) : 대부분 화이트 와인

- 랑그도크 루시용(Languedoc-Russillon)/남프랑스(Sud de France) : 프랑스 최대 와인산지

- 프로방스(Provence) 및 코르스(Corse, 코르시카) : 중저가 와인 생산

- 쥐라, 사부아(Jura, Savoie) : 독특한 와인 생산

- 남서부 지방(Sud-Ouest) : 강렬한 레드와인 생산

린취바쥬 포도밭

원산지 표시제도

AOC(Appellation d'Origine Contrôlée) / AOP(Appellation d'Origine Protégée)

프랑스 와인이 세계적인 인정을 받으며 높은 가격대를 형성하고 있는 이유는 일찍부터 품질관리체제를 확립하여 와인을 생산했기 때문이다. 프랑스 와인은 '원산지명칭위원회(INAO)'의 규제를 받는데, 이것이 유명한 AOC(Appellation d'Origine Contrôlée : 원산지 명칭통제) 제도로, 1900년 초부터 시작하여 1935년에 확립되었으며, 포도의 재배지 위치와 명칭을 지방별로 관리하는 제도이다.

이 법률에는 각 포도재배 지역의 지리적 경계와 그 명칭을 정하고, 사용되는 포도의 품종, 재배방법, 단위면적당 수확량의 제한, 그리고 제조방법과 알코올 농도에 이르기까지 최소한의 규정을 정하고 있다. 이 규격에 적합한 AOC 와인은 포도재배 지역의 명칭을 삽입하여 'Appellation(아펠라시용) ○○○ Contrôlée(콩트롤레)'라고 상표에 표기한다.

예를 들어 보르도(Bordeaux)라면 'Appellation Bordeaux Contrôlée'라고 상표에 인쇄되어 있다.

- Appellation Bordeaux Contrôlée : 보르도 지방에서 생산되는 포도만 사용한 것

- Appellation Médoc Contrôlée : 보르도 지방 내에 있는 메도크에서 생산된 포도만 사용한 것

- Appellation Haut Médoc Contrôlée : 메도크 내에 있는 오 메도크에서 생산된 포도만 사용한 것

- Appellation Margaux Contrôlée : 오 메도크에 있는 마르고에서 생산된 포도만 사용한 것

- 생산지의 면적크기 : Bordeaux > Médoc > Haut Médoc > Margaux

- 품질의 순위 : Margaux ← Haut Médoc ← Médoc ← Bordeaux

IGP(Indication Géographique Protégée)/뱅 드 페이(Vins de Pays, Country wine)

1930년부터 생산하는 주(Canton)의 명칭을 표시하는 정도로 시작하여, 1973년 공식적으로 제정하였다. 1976년까지 75 개, 다시 153 개로 되었다가, 다시 간소화 조치로 현재 75개가 되었으며, 프랑스 와인의 약 30 %를 차지하고 있다. 모든 IGP는 상표에 원산지를 표시해야 하지만, 품종은 그 선택 폭이 크고, 수율이 높아도 된다. 좋은 것은 AOC 수준보다 나은 것도 있다.

뱅 드 프랑스(Vin de France) / 뱅 드 타블(Vins de Table)

특별한 규제는 없기 때문에 품종, 빈티지를 표시할 의무가 없다. 프랑스 와인의 12 % 이상을 차지한다.

보르도(Bordeaux) 와인

보르도 지방은 일찍이 로마시대 사람들이 보르도 와인을 즐겨 찾으면서 그 이름이 알려지게 되었고, 중세에는 프랑스 루이 7세의 왕비였던 보르도의 공주 알리에노르가

알아야 할 프랑스 와인용어

- Vin(뱅) : 와인

- Vinoble(비뇨블) : 포도밭

- Vendange(방당주) : 포도수확

- Millésime(밀레짐) : 빈티지

- Blanc(블랑) : 화이트

- Rouge(루즈) : 레드

- Bouteille(부테이유) : 병

- Cave(캬브) : 지하저장고

- Cépage(세파주) : 포도 품종

- Doux(두) : 스위트

- Sec(세크) : 드라이

- Demi, Demie(드미) : 절반(Half)

이혼 후, 영국의 헨리 2세와 결혼하면서 이 지역을 영국 왕에게 선물하여 한 동안 영국 영토가 되었었던 지역으로, 이 후 보르도 와인은 영국을 비롯한 유럽 전 지역으로 퍼지게 되면서 그 입지를 굳히게 되었다.

보르도 와인은 지롱드 강을 경계로 강 왼쪽에 위치한 메도크 등 지역을 좌안지구, 강 오른쪽 포므롤과 생테밀리옹 등 지역을 우안지구로 구분 짓는데, 이들 지역에서는 각기 다른 특성을 가지며 우열을 가릴 수 없는 우수한 와인이 만들어지고 있다. 이들 지역에서는 레드 와인을 만들 때 단일품종으로 사용하지 않고

베이슈벨 와인너리 내부모습

두 개 이상의 품종을 혼합하여 제조한다.

유명생산지역

- 메도크(Médoc) : 레드와인 생산

- 포므롤(Pomerol) : 레드와인 생산

- 생테밀리옹(Saint-Émilon) : 레드와인 생산

- 그라브(Graves) : 레드와인, 화이트 와인 생산

- 소테른(Sauternes) : 스위트 화이트 와인 생산

보르도 포이악지역의 카페전경

보르도 와인 생산자

샤토(Château) 와인

사전에서는 성곽이나 대저택을 뜻하지만, 샤토는 일정면적 이상의 포도밭이 있는 곳으로 와인을 제조하고 저장할 수 있는 시설을 갖춘 곳을 의미하며, 특정한 포도원과 같은 뜻이다. 이들 포도원에서 생산되는 와인으로 라벨에 표기한 포도원(샤토)에서 포도재배, 와인제조 및 포장까지 이루어지면 '미 정 부테이유 오 샤토(Mis en bouteilles au Château : 샤토에서 주병함)'라는 문장이 상표에 기입되어 있다.
보르도에는 약 8,000개의 샤토가 있다.

샤토 마고 전경

네고시앙(Négociant) 와인

네고시앙은 전통적으로 발효가 끝난 와인을 구입하여 자신의 창고에서 숙성시켜 자신의 이름으로 판매하였지만, 요즈음은 포도를 구입하여 와인을 제조하거나, 발효만 끝낸 중간 상태의 와인을 구입하여 숙성시켜 제품을 만드는 등 반제품 상태의 와인을 완성품으로 만들어 자신의 상호로 판매하는 업자를 말한다. 또 샤토 와인을 유통하기도 하는데, 이 경우는 상표에 샤토 명칭과 네고시앙 명칭 둘 다 표시된다.

샤토 마고 포도밭

샤토 마고 표지판

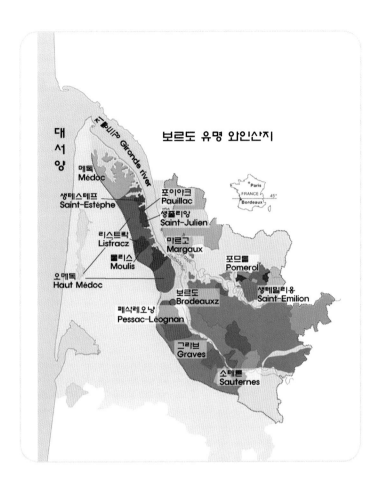

보르도 유명 와인산지

대서양

Gironde river

메독 Médoc
생테스테프 Saint-Estèphe
리스트락 Listracz
물리스 Moulis
오메독 Haut Médoc
포이아크 Pauillac
생쥴리앙 Saint-Julien
미르고 Margaux
보르도 Brodeauxz
페삭레오냥 Pessac-Léognan
그라브 Graves
포므롤 Pomerol
생테밀리웅 Saint-Emilion
소테른 Sauternes

Paris
FRANCE
Bordeaux

메도크(Médoc)지역 와인

　메도크는 보르도 시 북서쪽에 남북으로 길게 80㎞에 걸쳐서 조성된 세계 최고의 레드와인 명산지로 수많은 와인 감정가들도 메도크의 레드와인을 완벽한 작품이라고 칭찬을 아끼지 않는다. 명실 공히 세계최고의 와인이라고 할 수 있다.

　메도크와인은 메도크의 북쪽 바 메도크(Bas-Médoc)와인과 나머지 지역을

보르도 피숑 롱그빌 콩테스 드 라랑드 포도밭

오 메도크(Haut-Médoc)으로 구분하며, 바 메도크는 표기할 때 단지 메도크(Médoc)지역 이름만을 사용하지만, 오 메도크(Haut-Médoc)와인에는 반드시 오 메도크(Haut-Médoc)를 붙여 사용한다. 한 걸음 더 나아가, 오 메도크 안에 분포되어 있는 보다 더 고급와인들에는 각각 소규모 해당지역 명칭을 AOC상의 원산지명으로 사용한다. 즉 마르고(Margaux), 생줄리앙(Saint-Julien), 포이야크(Pauillac), 생테스테프(Saint-Estèphe), 물리스(Moulis), 그리고 리스트락(Listrac)의 명칭이 AOC의 원산지명에 사용된다

보르도 퐁테카네 와이너리와 포도밭

메도크에는 전통적으로 고급와인을 생산하는 포도원 즉 샤토의 등급이 1등급에서 5등급까지 정해져 있다. 이 등급은 1855년 파리 박람회 개최 시, 나폴레옹 3세가 세계 여러 나라에 보르도 와인을 소개하고자 출품할 와인리스트를 당시 와인 브로커에게 지시하였고, 이들은 보르도 상공회의소와 함께 거래가격을 중심으로 순위를 정한 것이 오늘까지 그대로 전해져 이어오고 있다.

그러나 이때는 메도크의 레드와인과 소테른의 스위트 화이트와인만 등급을 결정하고, 나머지 보르도 지방의 등급은 결정

보르도 린치 바쥬 포도밭

하지 못했다. 이때는 AOC 제도가 없을 때라서 '지롱드(Gironde)'라는 행정구역에 들어 있는 샤토들의 등급을 정하다 보니까, 현재 원산지 명칭으로서 메도크의 레드와인과 소 테른의 스위트 화이트와인 그리고 그라브(Graves)에 있는 샤토 오브리옹(Château Haut-Brion)까지 들어가게 되었다. 그랑 크뤼 클라세는 백년이 넘는 세월동안 거의 변동이 없 이 오늘날까지 적용되고 있다.

그랑 크뤼 클라세(Grand Cru Classé. 1855) 1등급 와인들(부록 196쪽 참조)

1등급(Premiers Crus, 5개)

샤토	AOC
Château Haut-Brion(오 브리옹)	Pessac-Léognan(Graves)
Château Lafite-Rothschild(라피트 로트칠드)	Pauillac
Château Latour(라투르)	Pauillac
Château Margaux(마르고)	Margaux
Château Mouton-Rothschild(무통 로트칠드)*	Pauillac

*무통 로트칠드는 국가를 상대로 한 오랜 소송 끝에 1973년에 2등급에서 1등급으로 승급.

버건디 잔   보르도 잔   샴페인 잔

1855년에 결정된 그랑 크뤼 클라세는 오늘날에도 유효한가?

와인을 잘 아는 사람은 1855년 그랑크뤼 클라세를 잘 기억하고 있다. 그러나 백년이 넘는 세월 동안 보르도의 샤토에 많은 변화가 생겨 그 당시 존재하지 않았던 포도원이 새로 조성된 것도 있고, 옆에 있는 포도밭을 구입하여 면적이 두 세배 커진 곳도 있으나 특별한 포도밭에서만 우수한 와인이 나온다는 다소 불합리한 점이 있지만, 그랑 크뤼 클라세에 속한 샤토는, 그들의 명성에 하나의 오점이라도 남기지 않도록 예술적인 가치를 지닌 높은 수준의 와인을 생산하고 있다.

그러나 1973년 단 한번의 순위변동이 있었는데, 샤토 무통 로트칠드(Ch. Mouton-Rothschils)가 2등급에서 1등급으로 되었다. 이는 무려 50년 동안 투쟁하여 얻은 결과이다.

그라브(Graves) 와인

보르도 가론 강 서쪽 둑을 따라서 형성된 포도밭으로, 그라브란 영어의 'Gravel' 즉, 자갈을 뜻한다. 가장 유명한 샤토 오브리옹(Ch. Haut Brion)은 이미 1855년 메도크의 그랑 크뤼 클라세에서 1등급으로 매겨진 바 있다.

| 샤토 오 브리옹 | 샤토 마고 | 샤토 클로즈 바쥬 | 샤토 페투루스 |

소테른(Sauternes) 와인

프랑스 보르도의 소테른지역에선 포도를 늦게까지 나무에 매달아 놓고 포도껍질에 곰팡이가 끼면 포도열매의 수분이 증발하면서 알맹이가 수축되어 마치 건포도처럼 당분이 농축된다. 이렇게 포도껍질에 낀 곰팡이를 영어로는 노블 롯(Noble rot : 귀부)라고 하는데, 이는 보트리티스 시네리아(Botrytis cinerea)라는 곰팡이에 의해서 당분함량 높아진 포도로 특유의 스위트와인을 만들어 낸다.

수확기의 날씨가 밤에는 기온이 내려가면서 이슬이 많이 내리고, 아침에는 안개, 그리고 낮에는 강한 햇볕으로 습기를 모두

샤토 바타이 저장고 와인

노블 롯이 발생된 포도

증발시키는, 습한 시간과 건조시간이 반복되는 조건을 갖춰야 한다. 그러므로 습기가 많고 햇볕이 잘 드는 강가의 포도밭에서 이런 곰팡이가 생긴다.

이를 위해선 매년 포도수확을 늦추면서 곰팡이가 포도껍질에 번식하기를 기다려야 하며, 어떤 해는 부분적인 수확만 가능하고 어떤 해는 아예 노블 롯 발생이 안 일어나 보통의 드라이 와인을 만들기도 하는 등 생산량이 불규칙하고 값도 또한 비쌀 수밖에 없다.

보르도 샤토 디켐

대표적인 와인은 샤토 뒤켐(Château d'Yquem)으로 1855년 당시 소테른 그랑크뤼 클라세 특등급으로 지정되었으며, 이들 각별한 맛과 향의 스위트와인은 식사 중 어느 코스에나 어울리지만, 보통은 디저트나 마지막 코스에 내놓는 경우가 많다. 푸아그라(거위 간), 푸른곰팡이 치즈 등이 잘 어울린다.

포므롤(Pomerol)지역 와인

19세기까지만 해도 와인의 명산지로서 그렇게 알려지지 않았지만 보르도 시에서 동쪽으로 약40㎞ 떨어진 곳에 형성된 700ha의 조그만 지역으로, 1960년대부터 페트뤼스(Pétrus)를 선두로 그 명성이 알려지기 시작하였다. 이 지역은 자갈이 많은 점질토양으로 카베르네 소비뇽은 잘 자라지 못하므로, 대신에 메를로와 카베르네 프랑을 재배하여 성공하였다. 그래서 와인의 맛도 부드럽고 온화하며 향미가 신선하고 풍부하며, 몇 가지 품종을 블랜딩하여 와인애호가들 사이에서 인정받는 와인들이 제조되고 있는 지역이다.

또한 샤토의 규모가 매우 작고 생산량이 적기 때문에, 희소가치로서도 명성이 잘 알려져 특히 샤토 페트뤼스의 와인은 보르도 지방에서 가장 값이 비싼 것으로 유명하다.

포므롤은 다른 보르도 지역과 달리 유일하게 공식적인 샤토의 등급이 없지만 전문가

들에게 널리 알려진 샤토는 다음과 같다(부록 196쪽 참조).

- Château Pétrus(페트뤼스)
- Château Le Pin(르 팽) : 가라쥐(Garage)와인으로 유명
- Château Beauregard(보르가르)
- Château Clinet(클리네)
- Château de Sales(드 살르)
- Château Gazin(가쟁)
- Château La Conseillante(라 콩세양트)
- Château l'Église-Clinet(레글리제 클리네)
- Château L'Evangile(레방질)
- Château Nénin(네냉) 등

가라쥐(Garage)와인

차고처럼 작은 곳에서 나온 소량의 고급희귀와인으로, 엄격한 품질관리 하에 만들어져, 포므롤의 르 팽(Château Le Pin), 생테밀리옹의 샤토 발랑드로(Château Valandraud) 등을 들 수 있다.

생테밀리옹(Saint-Émilon)지역 와인

아름답고 고풍스러운 풍경이 유명한 곳으로 포도 품종도 이웃한 포므롤과 같이 메를로와 카베르네 프랑이 우세하며 맛 또한 온화하고 부드러운 것이 특징이다.

생테밀리옹의 샤토는 1955년에 프르미에르 그랑 크뤼 클라세(Premiérs Grand Crus Classés, 18개) 등급을 시도하면서, 다시 1969년, 1985년, 1996년, 2006년 2012년에 각각 다시 수정하며 자체적인 관리와 품질향상을 위해 노력하고 있다.

프리미에르 그랑크뤼 클라세 A등급(Premièrs Grands Crus Classès A)

- Château Ausone(오존)
- Château Cheval-Blanc(슈발 블랑)
- Château Angélus(앙젤뤼스)
- Château Pavie(파비)
  - 이상 메도크의 그랑 크뤼 클라세 1등급 수준 -

프리미에르 그랑 크뤼 클라세 B등급(Premièrs Grands Crus Classès B)

- Château Beauséjour(보세주르) 등
- Château Beauséjour(보세주르)/Beauséjour-Duffau-Lagarrosse(보세주르 뒤포 라갸로스)
- Château Belair-Monange(벨레르 모낭주)
- Château Canon(캬농)
- Château Figeac(피자크)
- Clos Fourtet(클로 푸르테)
- Château La Gaffelière(라 갸플리에르)
- Château la Mondotte(라 몽도트) : 2012년 승급
- Château Larcis Ducasse(라르시스 뒤카스) : 2012년 승급
- Château Pavie-Macquin(파비 마캥)
- Château Troplong-Mondot(트롤롱 몽도)
- Château Trottevieille(트롯트비에유)
- Château Valandraud(발랑드로) : 게라쥐 와인으로 유명. 2012년 승급
  - 이상 메도크의 그랑 크뤼 클라세 수준 -

세컨드 와인(Second Wine, Second Vin)

대체로 어린 포도나무에서 수확한 포도로 만든 와인이나, 유명한 포도밭의 이웃에 있는 포도밭을 구입하여 포도밭은 다르더라도 소유자가 같은 곳에서 나온 와인, 그리고 와인을 똑같이 만들었어도 약간 질이 떨어진다고 판단되는 탱크의 것으로 세컨드 와인을 만든다. 그래서 세컨드 와인은 질이 천차만별이고 아무래도 원래 와인보다 소비자의 인식이 덜 할 수밖에 없다. 예외적으로 샤토 라투르(Ch. Latour)의 세컨드 와인 레 포르 드 라투르(Les Forts de Latour)는 거의 그랑 크뤼 수준이라고 평가되고 있기도 하다.

슈퍼세컨드 와인(Super Second Wine, Second Vin)

1등급이 아닌 2~3등급와인이 1등급에 버금가는 품질을 인정받을 때 이 와인을 슈퍼세컨드라고 칭한다. 2등급 피숑 롱그빌 바롱(Château Pichon-Longueville-Baron), 피숑 롱그빌 콩테스 드 랄랑드(Château Pichon-Longueville-Comtesse de Lalande) 코스 데스투르넬(Château Cos d'Estournel), 팔메르(Château Palmer) 등이 그 예에 해당된다.

샤토 라피트 로칠드　　샤토 지스쿠르　　생테밀리옹 그랑크뤼와인　　샤토 라투르　　포메롤 샤토 몰리네 라세르

부르고뉴(Bourgogne) 와인

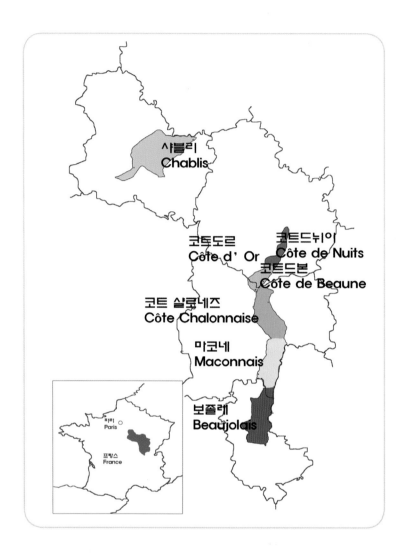

부르고뉴 지방은 보르도 지방과 함께, 프랑스 와인의 대표적인 명산지로서 이름이 널리 알려져 있다. 영어권에서는 버건디(Burgundy)라고 부르기도 한다.

이 지방은 지명과 그 위치를 파악하는 데도 보르도 지방보다 어렵고 길어서 기억하기도 힘들다. 그러나 지명을 알지 못하면서 그 곳에서 생산되는 와인을 이해할 수는 없으므로 최소한 30여 개의 지명을 알아두면 이 지역 와인을 이해하는데 도움이 될 수 있다.

부르고뉴 와인이 보르도와 다른 점은 포도재배와 와인제조가 따로따로 이루어지는 경우가 대다수여서, 이곳 와인의 80% 정도가 중간 제조업자에 의해서 제조되어 판매가 이루어지고 있다.

프랑스 동부지역으로 부르고뉴 와인의 종류는 다양하지만 레드와인은 주로 피노 누아(Pinot Noir), 화이트와인은 주로 샤르도네(Chardonnay) 단일 품종을 사용하여 와인이 생산된다. 부르고뉴의 유명한 와인산지는 샤블리(Chablis), 코트 도르(Cote d'Or), 샬로네즈(Côte Châlonnaise), 마코네(Maconnais), 보졸레(Beaujolais) 등이 있다. 코트 도르 지역은 코트 드 뉘(Cote de Nuits), 코트 드 본(Cote de Beaune)으로 다시 나누는데 코트 드 뉘에서는 세계에서 가장 비싼 와인의 하나로 알려진 로마네 콩티(Romanée Conti)를 생산하고 있다.

유명생산지역

- 샤블리(Chablis) : 독특한 화이트와인만 생산

- 코트 도르(Côte d'Or) : 부르고뉴에서 가장 고급와인을 생산하며, 북쪽의 코트 드 뉘이와 남쪽의 코트 드 본으로 구분

- 코트 드 뉘이(Côte de Nuits) : 최고급 레

클로드부조 표지판

클로드부조 발효조

클로 드 부조 와인너리 포도밭

주브리샹벨탱 시음세팅

클로드부조 병숙성

드와인(90 %) 생산

- **코트 드 본(Côte de Beaune)** : 레드와인
  (85 %)과 최고급 화이트와인 생산

- **코트 샬로네즈(Côte Châlonnaise)** : 거의
  레드와인(80 %) 생산

- **마코네(Mâconnais)** : 레드와인, 화이트와
  인 생산

- **보졸레(Beaujolais)** : 라이트 레드와인 생산

에세조 저장고

부르고뉴의 화이트와인과 레드와인 특성

부르고뉴에서 화이트와인을 만들 때는 거의 샤르도네(Chardoney) 품종만 사용하지
만 테루아르나 제조방법이 각각 다르기 때문에 지역별로 특색 있는 스타일의 와인을 만
들고 있다. 일부지역에서는 알리고테(Aligoté)라는 포도 품종을 사용하기도 하는데, 이
때는 상표에 '알리고테'라고 표시를 한다.

부르고뉴의 레드와인은 가장 고전적인 방법으로 생산되는데, 사용하는 포도 품종은
전부 피노 누아(Pinot Noir)로 특히 코트 드 뉘이에서 생산되는 레드와인은 보르도 지방

의 메도크 와인과 함께 프랑스 와인의 교과서라고 할 수 있다.

단, 보졸레는 가메(Gammay)라는 포도를 사용하여, 가볍고 신선한 레드와인을 생산한다.

클로 드 부조 와이너리

부르고뉴의 와인의 등급

부르고뉴의 포도밭의 토양의 성질, 토지의 경사도 및 방향 등을 고려하여, 그 등급을 네 단계로 나누고 있다.

- 광역명칭 와인(Les Appellations Régionales) : 52 % 차지, 23 개 AOC, 부르고뉴 포도 재배지역 내에서 생산되는 것으로 그 범위가 크기 때문에 대부분 와인이 이 범주에 든다. 이 범주에 속하는 와인은 전부 상표에 '부르고뉴(Bourgogne)'라는 글씨가 들어간다.

- 빌라주 와인 혹은 코뮌 와인(Village wine, Communales) : 35% 차지, 44개 AOC, 와인

주브리샹벨탱 와인

샤산느몽라세 표지판

샹볼뮤지니 표지판

이 생산되는 빌라주 명칭을 상표에 표기하며, 단일 포도밭에서 나온 것은 상표에 포도밭 명칭을 표시할 수 있는데, 이 때는 빌라주 명칭보다는 작은 글씨로 상표에 기입해야 한다.

몽라셰 포도나무

- 프르미에 크뤼(Premier Crus) : 11% 차지, 570개 명칭, 상표에 빌라주 명칭을 먼저 표시하고 다음에 포도밭 명칭을 표시하도록 되어 있다. 그리고 AOC에는 빌라주 명칭 다음에 프르미에르 크뤼(Premier Cru)라고 표시한다.

- 그랑 크뤼(Grands Crus) : 2% 차지, 33개 AOC, 포도밭의 위치와 토양의 성질 그리고 여러 가지 조건을 두루 갖춘 최상급 포도밭에서 생산되는 와인으로서 부르고뉴 와인 중 가장 고급이다. 상표에는 빌라주 명칭을 표시하지 않고 포도밭 명칭만 표시한다.

부르고뉴 와인 등급 이해하기

이해를 돕기 위해 지도를 놓고 살펴보면, 샹볼 뮈지니(Chambolle-Musigny)는 코트 드 뉘이에 있는 빌라주 중 하나이다. 샹볼 뮈지니 구역 내에는 다른 곳과 마찬가지로 그랑 크뤼, 프르미에르 크뤼 그리고 나머지 지역으로 경계가 확실히 정해져 있다. 그랑 크뤼 포도밭은 '뮈지니(Musigny)', '본 마르(Bonnes Mares)' 두 군데이고 프르미에급 포도밭은 '아무뢰스(Amoureuses)', '샤름(Charmes)' 등 24개가 있다. 그러므로 상표에 '뮈지니'나 '본 마르'만 써 있으면 그랑 크뤼 와인이며, '샹볼 뮈지니'라는 빌라주 명칭과 '샤름', '아무레스' 등 프르미에 크뤼 포도밭 명칭이 들어있으면 프르미에 크뤼 와인이다. 나머지 샹볼 뮈지니 구역에서 나오는 와인은 빌라주 와인이 되며, 상표에는 샹볼 뮈지니만 표시한다.

샤블리(Chablis)지역 와인

샤블리는 부르고뉴 중심에서 따로 멀리 떨어져 있지만, 와인의 생산지로서 부르고뉴에 속한다. 이곳은 화이트와인만 생산하는데, 세계 최고의 화이트와인으로 알려져 있다. 와인은 신맛이 특색 있고, 색깔도 엷은 황금색으로 오히려 초록빛에 가깝다. 우아한 맛과 신선하고 깨끗한 맛이 특징이다. 전통적으로 오크통에서 숙성을 시켰으나, 요즈음은 신선한 과일 맛을 유지시키기 위해서 스테인리스스틸 탱크에서 발효 및 숙성을 하고 있다. 그렇지만 고급와인은 여전히 오크통에서 숙성시켜 중후한 맛을 풍기고 있다.

샤블리 와인의 등급

- Petit Chablis(프티 샤블리) AOC
- Chablis(샤블리) AOC
- Chablis Premier Cru(샤블리 프르미에르 크뤼) AOC
- Chablis Grand Cru(샤블리 그랑 크뤼) AOC

뫼르소 그랑 크뤼 와인

코르통 그랑 크뤼 와인

뉘-생-조르주 와인

오스피스 드 본 와인

코트 도오르(Côte d'Or) 와인

코트 도오르(Côte d'Or)는 영어로 'golden slope(황금의 언덕)'이란 뜻으로, 가을 포도밭의 노란 단풍색깔에서 이런 이름이 유래되었으며, 남쪽의 코트 드 본(Côte de Beaune)과 북쪽의 코트 드 뉘이(Côte de Nuits) 두 지역으로 나누어진다.

코트 드 뉘이(Côte de Nuits)지역 와인

부르고뉴 와인의 명성을 높힌 탁월한 레드와인들이 생산되는 지역이다. 이곳은 보르도 지방의 메도크과 함께 세계 레드와인의 양대 산맥을 형성하고 있다. 중요 생산지명과 그랑 크뤼는 기억하는 것이 좋다.

쥬브리 샹베르탱   샹볼 뮈지니   본 로마네   로마네 꽁띠

뮈지니 포도밭과 표지석

Côte de Nuits

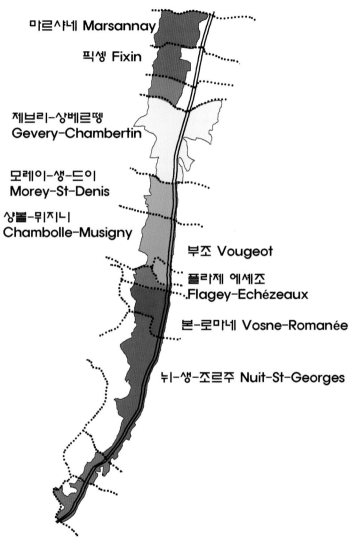

마르샤네 Marsannay

픽셍 Fixin

제브리-샹베르뗑
Gevery-Chambertin

모레이-생-드이
Morey-St-Denis

샹볼-뮈지니
Chambolle-Musigny

부조 Vougeot

플라제 에세죠
Flagey-Echézeaux

본-로마네 Vosne-Romanée

뉘-생-조르주 Nuit-St-Georges

- 마르사네(Marsannay)
- 픽셍(Fixin)
- 제브리-샹베르떵(Gevrey-Chambertin)
- 모레이-생-드이(Morey-St-Denis)
- 샹볼-뮈지니(Chambolle-Musigny)
- 부조(Vougeot)
- 플라제 에셰조(Flagey-Echézeaux)
- 본-로마네(Vosne-Romanee)
- 뉘-생-조르주(Nuit-St-Georges)

로마네 콩티 포도밭 당부안내

로마네 콩티 포도밭 표석

로마네 콩티 포도밭

코트 드 본(Cote de beaune)지역의 와인

본은 부르고뉴의 수도이면서 라두아에서 마랑주언덕에 이르는 넓은 포도밭을 의미하기도 한다. 우수한 테루아르로 인해 와인 품질도 우수하지만 와인의 성격도 다양한 편이다.

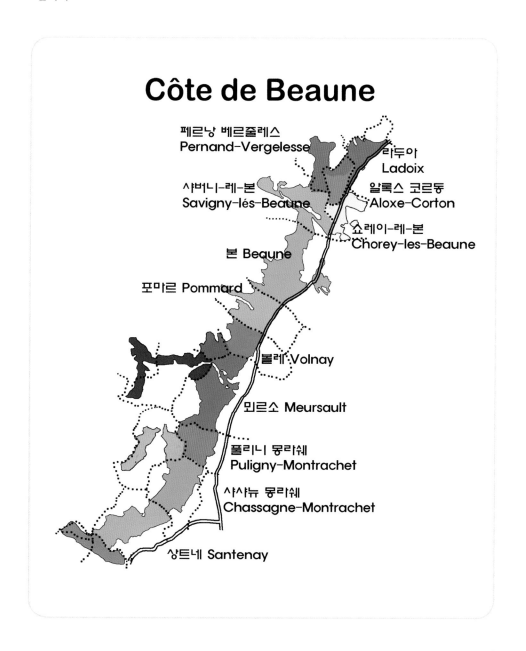

볼레(Volnay), 포마르(Pommard), 본(Beaune), 알록스코르통(Aloxe Corton)등 완벽하게 균형을 유지하며 Body가 확고한 장기보관용 레드 와인을 생산할 뿐만 아니라 몽라쉐(Montrachet), 뫼르소(Meursault), 코르통 지방에 포도원을 소유했던 샤를마뉴 대제를 기념하여 명명된 코르통 샤를마뉴(Corton Charlemagne) 등은 섬세한 과일향과 함께 강력하고 복합적인 향의 농축감을 지닌 탁월한 화이트와인을 생산한다.

코르동 포도밭

- 페르낭 베르줄레스(Pernand-Vergelesse)
- 라두아(Ladoix)
- 알록스 코르통(Aloxe-Corton)
- 샤비니-레-본(Savigny-les-Beaune)
- 본(Beaune)
- 포마르(Pommard)
- Volnay(볼네)
- 뫼르소(Meursault)
- 풀리니-몽라쉐(Pulligny-Montrachet)
- 샤사뉴-몽라쉐(Chassagne-Montrachet)
- 상트네(Santenay)

코르동 샤를마뉴 표지판

코르동 와이너리

✽ 코트 드 뉘이의 명산지 등급 사례(부록 203쪽 참조)

빌 라 주 (Village)	프르미에르 크뤼 (Premier Cru 1등급)	그랑 크뤼 (Grand Cru 특등급)
Chambolle-Musigny (샹볼 뮈지니) (레드)	Les Amoureuses (레 자무뢰스)	Musigny(뮈지니)
	Les Charmes (레 샤름) 등 23개	Bonne Mares(본 마르)
Vougeot(부조) (레드, 화이트)	Clos de la Perrière (클로 들 라 페리에르)	Clos de Vougeot (클로 드 부조)
	Les Petits Vougeot (레 프티 부조) 등 4개	
Vosne-Romanée (본 로마네) (레드)	Les Gaudichots (레 고디쇼)	Romanée-Conti (로마네 콩티)
	Les Malconsort (레 말콩소르)	La Romanée (라 로마네)
	Les Beaux-Monts	Romanée-St-Vivant (로마네 생비방)
	La Suchots (라 쉬쇼)	La Tâche (라 타슈)
	Clos des Rêas (클로 데 레아)	Richebourg 등 (리슈부르)

✽ 코트 드 본의 명산지 등급 사례(부록 205쪽 참조)

빌 라 주 (Village)	프르미에르 크뤼 (Premier Cru 1등급)	그랑 크뤼 (Grand Cru 특등급)
Aloxe-Corton (알록스 코르통) (레드, 화이트)	Les Valozières (레 발로지에르)	Corton (코르통, 레드)
	Les Chaillot (레 샤이요)	Corton-Charlemagne (코르통 샤를마뉴, 화이트)
	Clos du Chapitre (클로 뒤 샤피트르) 등 13개	Charlemagne (샤를마뉴, 화이트)
Pernand-Vergelesse (페르낭 베르줄레스) (레드, 화이트)	Basses Vergelesses (바즈 베르줄레스)	Corton (코르통, 레드)

Les Fichots (레 피쇼트)	Corton-Charlemagne (코르통 샤를마뉴, 화이트)
En Caradeux (엉 카라뒈) 등 6개	Charlemagne (샤를마뉴, 화이트)

부르고뉴 와인의 라벨(혼동하기 쉬운 라벨)

이 바타르 몽라셰는 코트 드 본에 있는 그랑 크뤼급 화이트와인을 생산하는 포도밭이다. 그리고 이 포도밭은 퓔리니 몽라셰와 샤사뉴 몽라셰 양쪽 빌라주의 경계선에 위치하기 때문에 양쪽 빌라주의 그랑 크뤼 포도밭에 모두 해당된다. 이와 같이 프랑스 와인은 지명에 대한 사전지식이 이해하기 어려우므로 지리적 위치를 기초로 와인을 파악해야 한다. (부록 208쪽 참조)

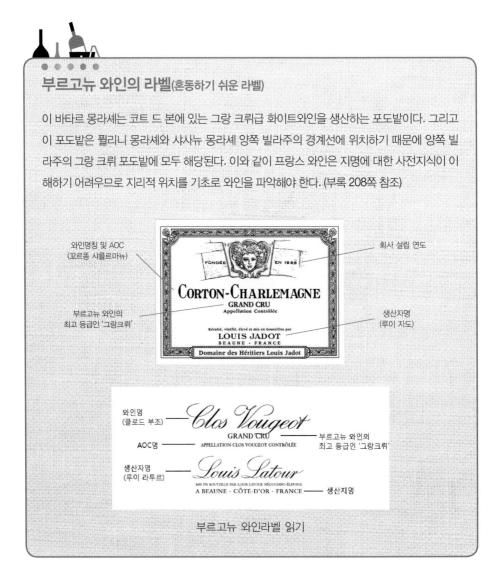

부르고뉴 와인라벨 읽기

코트 샬로네즈(Côte Châlonnaise)지역의 와인

이곳의 화이트와인은 몽타뉘(Montagny), 륄리(Rully)는 샤도네이로 만든 훌륭한 화이트 와인을 생산하는 지역으로 유명하고, 레드와인은 메르퀴레(Mercurey), 지브리(Givry), 륄리(Rully)가 유명하며, 이 곳의 와인은 수출이 별로 되지 않기 때문에 이름이 잘 알려져 있지 않다.

본 로마네 와인 저장고

마코네(Mâconnais)지역의 와인

대부분 화이트와인이 유명하고, 소량의 레드와인과 로제 와인도 생산하며 가장 유명한 와인은 푸이 퓌세(Pouilly Fuisse)로 녹색을 띤 금빛의 드라이 화이트와인이며 맛은 복잡하지 않고 가볍고 섬세한 향이 특징적이며 숙성을 거치지 않고 마시거나 10년 이상의 보관기간을 거쳐도 향기를 잃지 않는다.

본지역 지하저장고 샵

보졸레(Beaujolais)지역의 와인

부르고뉴 지방의 타지역과 달리 가메(Gamay)라는 맛이 가볍고 신선한 품종을 재배하여 발효방법도 다른 기술을 적용하며 보통 늦여름에 수확하면 그 해 크리스마스 무렵에 시장에 나올 정도로 소비 회전이 빠른 보졸레 누보라는 햇와인을 만들어 낸다.

보졸레 누보(Beaujolais Nouveau)

새로운 보졸레라는 뜻으로(Nouveau : New) 기존 보졸레보다 포도수확에서 와인제조 직후 레스토랑이나 소매점 등 소비자에게 이르기까지 훨씬 더 빠르게 소비가 이루어지는 와인이다. 1970년대 전 세계에 직항로가 생기면서 항공이송을 통한 전달 시스템이 동원되어 이를 홍보하는 이벤트(보졸레 누보데이 : 매년 11월 3번째 목요일)와 함께 전세계에 널리 알려지는 계기를 마련하였다.

보졸레 누보

샹파뉴(Champagne) 와인

샹파뉴 지방은 프랑스에서 포도가 재배되는 지방 중 가장 추운 곳이어서 신맛이 강한 드라이 화이트 와인과 특징 없는 레드와인을 생산하는 지방이었으나, 1700년대부터 스파클링 와인 즉 거품 나는 와인을 만들면서 이름이 알려지기 시작하였으며, 영어권에서는 샴페인이라고 발음하지만, 프랑스에서는 이 지역 와인과 함께 그 지방명칭을 그대

포도나무 고목

로 샹파뉴라고 한다. 와인을 생산하는 지역 중 이 곳 만큼 세계적으로 널리 알려진 곳이 없을 정도로 유명한 샴페인은 서양에서는 상류사회와 벼락부자라는 뜻으로도 사용되며 약혼, 결혼, 세례, 기념일 등 축하행사에 없어서는 안 될 기쁨과 행복의 술이기도 하다.

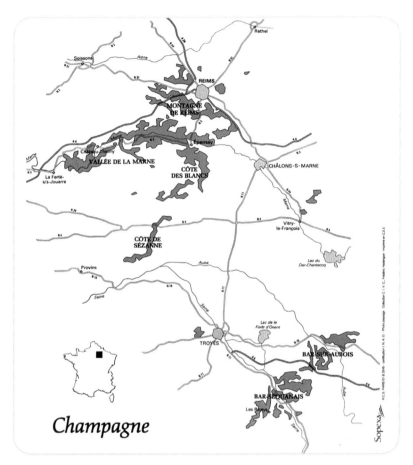

출처 : 소펙사

품종

- 피노 누아(Pinot Noir)
- 피노 뫼니에(Pinot Meunier)
- 샤르도네(Chardonnay)

접붙이기 포도목

청포도가 많이 들어갈수록 가벼운 스타일이 되고 적포도가 많을수록 무거운 스타일이 된다. 아직도 오크통에서 발효시키는 곳이 있는데(Krug, Bollinger 등), 이렇게 하면 스테인리스스틸 탱크에서 발효시킨 것보다 바디와 부케가 더 풍부하게 된다.

샴페인을 개발한 동 페리뇽 수도사

이 스파클링 와인을 최초로 만든 사람은 동 페리뇽(Dom Pérignon)이라는 수도승으로 그는 이 지방에 있는 오빌레(Hautvillers)의 사원에서 와인 제조책임자로 일했었다(1668-1715). 당시에는 당분이나 알코올의 측정방법이 발달되지 않아서, 당분이 남아있는 상태에서 와인을 병에 넣는 일이 많았다. 당분이 남아있는 와인은 추운 겨울에는 별 변화가 없지만 봄이 되어 온도가 올라가기 시작하면 다시 발효가 일어나는 경우가 많았다. 발효가 일어나면 탄산가스가 생성되면서 병 속의 압력이 증가하여 병이 폭발하거나, 병뚜껑이 날아가 버리는 현상이 일어나는데 동 페리뇽과 그 동료들은 그 제조방법을 연구 개발하여 오늘날의 한 병 한 병 따로 발효시키는 메토드 샹프누아즈(Méthode Champenoise)라는 특이한 제조방법의 기반을 마련하였다.

샴페인 제조과정(Méthode Champenoise)

당도 표시는 도자주(Dosage)의 당도에 따라 결정된다.

- 브뤼트(Brut) : 설탕 농도 1.5% 이하
- 엑스트라 드라이(Extra dry) : 설탕 농도 1.2~2%
- 섹(Sec) : 설탕 농도 1.7~3.5%
- 드미섹(Démisec) : 설탕 농도 3.3~5%
- 두우(Doux) : 설탕 농도 5% 이상

포마르 파트라슈의 와인 표지문

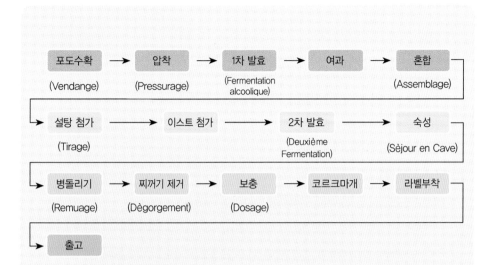

포도수확 → 압착 → 1차 발효 → 여과 → 혼합
(Vendange)　(Pressurage)　(Fermentation alcoolique)　　(Assemblage)

설탕 첨가 → 이스트 첨가 → 2차 발효 → 숙성
(Tirage)　　　　　　　(Deuxième Fermentation)　(Sèjour en Cave)

병돌리기 → 찌꺼기 제거 → 보충 → 코르크마개 → 라벨부착
(Remuage)　(Dègorgement)　(Dosage)

출고

샴페인 병돌리기 기구 퓌피트르(Pupitre)

샴페인의 기타 표시사항

- **블랑 드 블랑(Blanc de blancs)** : 영어로는 White of whites 즉, 청포도로 만든 화이트와인 이란 뜻으로, 샹파뉴 지방에서는 샤르도네로 만든 샴페인이다.

- **블랑 드 누아(Blanc de noirs)** : 영어로는 White of blacks 즉, 적포도로 만든 화이트와인이 란 뜻으로, 샹파뉴 지방에서는 피노 누아, 피노 뫼니에로 만든 샴페인이다.

- **퀴베 스페시알(Cuvée spéciale)** : 각 회사마다 가장 고급 샴페인에 붙이는 말이다.

- **NM(Négociant-manipulant)** : 판매상이 생산하는 샴페인에 붙은 문구, 이들은 전체 샴페 인의 2/3, 그리고 수출량의 95%를 점유하고 있다.

- **RM(Récoltant-manipulant)** : 자기 밭에서 나오는 포도로 만들고, 직접 판매하는 샴페인에 붙은 문구이다.

- **MA(Marque d'acheteur)** : 레스토랑, 소매점, 수입상에 의해서 만들어진 브랜드(상표). 예 를 들면, 막심(MAXIMS)은 파리의 유명한 레스토랑인 '막심'이 선정한 자기 레스토랑의 전 용 샴페인이다.

고급 샴페인의 기준

- 1등급 포도밭에서 생산된 가장 좋은 포도를 사용할 것
- 포도에서 즙을 짤 때 첫 번째 나오는 주스만 사용할 것
- 병에서 오랫동안 숙성시킬 것
- 빈티지가 표시된 샴페인일 것
- 샴페인을 글라스에 채운 다음 살펴볼 때는 거품의 크기가 작고, 거품이 올라오는 시간이 오 래 지속될 것
- 와인 자체가 수정같이 맑고 윤기가 있을 것

샴페인을 잘 즐기려면

샴페인은 와인 제조과정을 재차 되풀이하면서 병 하나하나에 정성이 깃든 귀중하고 값비싼 와인이다. 샴페인 코르크는 와인이 밖으로 튀어나오지 않도록 안전하게 개봉하여 처음 따를 때는 반 정도만 채운다고 생각하면서 거품 정도와 와인의 양을 봐가면서 따라야 한다.

샴페인은 무엇보다도 탄산가스가 가장 중요하다. 요란스럽게 개봉하면 중요한 탄산가스의 손실이 많다는 점을 명심해야한다. 일반적으로 샴페인은 차게 마시는데 너무 차면 특유의 부케를 느끼지 못하므로 냉장고 속에 넣어둔 샴페인보다는 마시기 20-30분전쯤에 물과 얼음을 넣은 박스에 넣어 둔 것이 더 좋다.

샴페인 글라스

가장 많이 쓰이는 글라스는 길쭉한 튤립 모양이나 긴 플루트 모양이다. 가끔은 넓고 바닥이 얕은 글라스도 사용되지만, 긴 튤립모양의 글라스가 위쪽이 좁아서 글라스를 입에 댈 때 거품을 조절할 수 있다. 플루트 모양의 글라스는 조심스럽게 다루지 않으면 거품이 넘칠 우려가 있다.

샴페인은 마신 후에도 여자를 아름답게
해주는 유일한 술이다.

- 퐁파두르 부인

〈퐁파두르 부인〉
(루이 15세 애첩)

스파클링 와인

샴페인은 스파클링 와인으로서 프랑스 샹파뉴 지방에서 생산된 것만을 가리키는 말이다. 샹파뉴 이외 지역에서 생산되는 프랑스의 스파클링 와인은 무쉐(Mousseux), 독일의 스파클링 와인은 젝트(Sekt), 스페인은 카바(Cava), 이탈리아는 스푸만테(Spumante), 미국은 스파클링(Sparkling)와인이라고 부른다.

정식 샴페인과 값비싼 스파클링 와인은 메토드 샹프누아즈(Méthode Champenoise)라는 방법으로, 각각의 병에서 발효시켜서 하나씩 손으로 만들지만 값싼 스파클링 와인은 이렇게 복잡한 과정을 거치지 않는다.

스파클링와인 칠링

샴페인이라 불릴 수 없는 스파클링 와인들

- **스페인의 카바(Cava)** : Codorniu(코도르뉴), Freixenet(프레이세넷)

- **독일의 젝트(Sekt)** : Henkell-Trocken(헨켈 트로켄)

- **이탈리아의 스푸만테(Spumante)** : Asti Spumante(아스티 스푸망테)

- **프랑스의 크레망(Crémant)** : 샴페인보다 조금 약한 스파클링 와인, 샴페인의 가스압력이 6기압인데 비하여 크레망은 3.5-4기압이다. 그 외 페티양(Pétillant)은 압력 2기압 정도의 약한 스파클링 와인을 말한다.

뵈브 클리코 퐁사르당(Veuve Clicquot Ponsardin)

1805년 젊은 나이에 과부가 되어 평생에 걸쳐 샴페인 제조
에 관심을 쏟아 퓌피트르(Pupitre)라는 샴페인 제조상의 찌
꺼기 제거 기구를 개발하는 공을 세웠으며 '라 그랑드 담'
이라는 칭호를 부여받아 이를 기념하는 샴페인이 생산되고
있다.

유명 샴페인 제조회사와 퀴베 스페시알(Cuvée spéciale)

- 뵈브 클리코 퐁사르당(Veuve Clicquot Ponsardin) :
  라 그랑드 담(La Grande Dame)

- 볼랭제(Bollinger) : 아네 레어 RD(Année Rare RD), 그
  랑 아네(Grand Année)

- 루이 뢰더(Louis Roederer) : 크리스탈(Cristal)

- 비유카르 살몽(Billecart Salmon) : 퀴베 NF 비유카르
  (Cuvée NF Billecart)

뵈브 클리코 샴페인

- 샤르보 에 피스(A. Charbaut et Fils) : 서티피케이트(Certificate)

- 되츠(Deutz) : 퀴베 윌리엄 되츠(Cuvée William Deutz)

- 고세(Gosset) : 그랑 밀레짐(Grand Millésime)

- 에이드시크 모노폴(Heidsieck Monopole) : 디아망 블뢰(Diamant Bleu)

- 조제프 페리에르(Joseph Perrier) : 퀴베 조세핀(Cuvée Joséphine)

- 크뤼그(Krug) : 클로 뒤 메닐(Clos du Mesnil), 그랑드 퀴베 NV(Grande Cuvée NV)

본 기본테이블세팅

- 랑송(Lanson) : 스페시알 퀴베 225(Special Cuvée 225)

- 로랑 페리에(Laurent Perrier) : 그랑 시에클(Grand Siècle)

- 멈(G. H. Mumm & Cie) : 르네 랄루(RenéLaliu), 그랑 코르동(Grand Cordon)

- 페리에 주에(Perrière Jouët) : 플뢰르 드 샹파뉴(Fleur de Champagne), 블라송 드 프랑스(Blason de France)

- 피페 에이드시크(Piper Heidsieck) : 레어(Rare)

- 폴 로제(Pol Roger) : 퀴베 서 윈스턴 처칠(Cuvée Sir Winston Churchill)

- 포메리(Pommery) : 퀴베 루이스 포메리(Cuvée Louise Pommery)

- 뤼이나르(Ruinart) : 동 뤼이나르(Dom Ruinart)

- 살롱(Salon) : 르 메닐(Le Mesnil)

- 테탱제(Taittinger) : 콩트 드 샹파뉴(Comtes de Champagne)

테탱저 샴페인   모에 샹동 샴페인

부르고뉴 본지역 마리아주 메뉴

론(Rhône) 와인

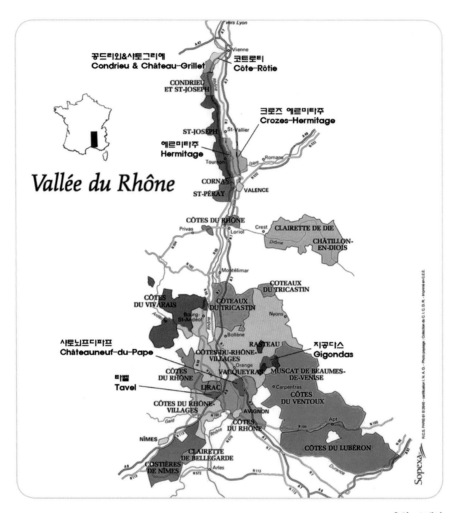

출처 : 소펙사

이 곳은 부르고뉴 지방 남쪽 리용(Lyon)으로부터 아비뇽(Avignon)까지 약 200km를 흐르는 론(Rhone)강을 끼고 전개되는 지역으로 옛날 로마사람들이 포도밭을 조성하여 와인을 만들었으며, 지리적으로 이탈리아와 가깝기 때문에 와인 스타일도 이탈리아와 비슷하다. 주로 레드와인을 생산하는데 이 레드와인은 색깔이 진하고 묵직하며, 프랑스 어느 지방의 와인보다 알코올 함량이 높다.

이곳은 프랑스 남부 지중해 연안으로 여름이 덥고 이곳에 부는 강한 바람인 미스트랄은 이곳 기후의 주요 요소이며, 포도밭에 돌이 많기 때문에 낮 동안의 열기를 간직하여 밤이 되어도 지면의 온도가 쉽게 내려가지 않아 포도의 당분함량이 높고 와인의 알코올 함량도 높아진다. 그래서 고전적인 중후한 레드와인을 좋아하는 사람들은 론의 와인을 부르고뉴나 보르도 와인보다 더 높게 평가한다.

한동안 쇠퇴의 길을 걷던 이 지역은 교회의 적극적인 지원으로 다시 발전할 수 있었으며, 유명한 샤토뇌프 뒤 파프는 1305년부터 1377년까지 교황이 아비뇽에 머문 데서 유래된다.

품종

- 그르나슈(Grenache) : 적포도로 당분함량이 높다. 스페인, 이탈리아에서 많이 재배된다.

- 시라(Syrah) : 색깔이 진하고 타닌함량이 많기 때문에 이것으로 만든 와인은 숙성이 더디므로 오랫동안 보관할 수 있다.

- 생소(Cinsault) : 색깔이 진하고 맛이 풍부하다.

- 무르베드르(Mourvédre) : 색깔이 진하여 블렌딩용으로 많이 쓰인다.

- 카리냥(Carignan) : 로제에 많이 사용되는 품종으로 지중해 연안에 많이 분포되어 있다.

- 마르산(Marsanne) : 이것으로 만든 화이트와인의 맛은 묵직한 것이 특징이다.

론지역 빌라주와인   클로주 에르미타쥬

- 루산(Rousanne) : 청포도로서 이것으로 만든 와인은 우아한 맛을 낸다.

- 비오니에(Viognier) : 가장 매혹적인 화이트 품종으로 복숭아, 멜론 향이 특징이다.

- 클레레트(Clairette) : 산도가 약한 중성적인 맛을 내지만 수율을 낮추면 향이 좋아진다.

유명생산지역

론지역의 포도밭

　주요 생산지역은 북쪽의 코트 로티(Côte Rôtie), 크로즈 에르미타주(Crozes-Hermitage), 그리고 에르미타주(Hermitage) 등이며, 남쪽은 샤토뇌프 뒤 파프(Châteauneuf-du-Pape) 와 타벨(Tavel)이 유명하다.

- 코트 로티(Côte Rôtie) : 주로 적포도인 시라(Syrah)를 재배하면서, 포도밭 사이사이에 청포도인 비오니에(Viognier)를 심어서 한꺼번에 수확하여 레드와인을 만든다. 청포도인 비오니에는 신맛을 주며 와인의 부케를 강하게 한다. 이 지역의 와인은 약간 자극적이고 색깔이 진하며 오래 보관할 수 있다.

- 꽁드리외와 샤또 그리예(Condrieu와 Chateau Grillet) : 꽁드리외는 비오니에 백포도 품종으로 화이트와인만을 생산한다. 생산량은 작지만 품질이 뛰어나며 드라이한 맛

과 우아함과 섬세함, 과실의 향미가 가득한 독특한 방향을 갖는다. 샤또 그리예 와인은 프랑스의 아주 뛰어난 화이트와인 중의 하나로 황금 색조이다.

- 크로즈 에르미타주(Crozes-Hermitage) : 시라를 주로 재배하여 맛이 진하고 풍부한 레드와인을 만들고 약간의 화이트 와인을 생산한다.

- 에르미타주(Hermitage) : 레드와인은 시라를 사용하여 만들며, 색깔이 진하고 풍부한 맛이 특징이다. 7-8년 이상 보관하면서 중후한 맛을 즐길 수 있으며, 좋은 것은 15년 이상 보관할 수 있다. 화이트와인은 많지 않지만, 마르산과 루산으로 만들어 묵직하고, 고전적인 맛을 내는 것으로 유명하다. 이곳은 로마시대부터 조성된 포도밭이 많다.

- 샤토뇌프 뒤 파프(Châteauneuf-du-Pape) : 영어로는 'New Castle of the Pope'로서 현재는 낡았지만, 교황의 새로운 성곽이라는 뜻이다. 14세기에 교황 클레멘트 5세가 아비뇽으로 교황청을 옮긴 후, 여름별장으로 사용했던 곳이다. 그래서 포도원 주인은 자기들이 생산하는 와인 병에 교황의 갑옷무늬를 넣는다. 포도밭이 돌과 자갈로 뒤덮여 있어서, 언뜻 보기에는 포도나무가 자라지 못할 것으로 보이지만, 론 지방을 대표하는 가장 유명한 와인산지이다. 주로 그르나슈(Grenache)로 레드와인을 만드는데, 이 포도는 알코올 함량은 높게 해주지만, 색깔이나 부케 등이 불완전하므로 시라 (Syrah), 무르베드르(Mourvèdre) 그리고, 생소(Cinsault) 등을 혼합하여 진한 색의 알콜농도가 높은 묵직한 와인으로 완성한다. 그러나 북부지방의 에르미타주나 코트 로티보다는 부드럽고 숙성이 잘 된다.

샤토 네프 드 파프

- 타벨(Tavel) : 프랑스에서 유명한 로제(Rosé)를 생산한다. 로제는 주로 그르나슈 포도를 사용하여 만들며, 생소 등의 품종도 혼합된다. 현대적인 시설과 방법으로 산뜻한 핑크빛 오렌지 색깔의 로제를 만든다.

지공다스(Gigondas)

주로 레드 와인이며 강한 멋의 분홍 와인도 소량 생산된다. 진하고 타닌 성분이 많으며 향신료 향이 난다. 10-15년 저장할 수 있다.

지공다스와인

알자스(Alsace) 와인

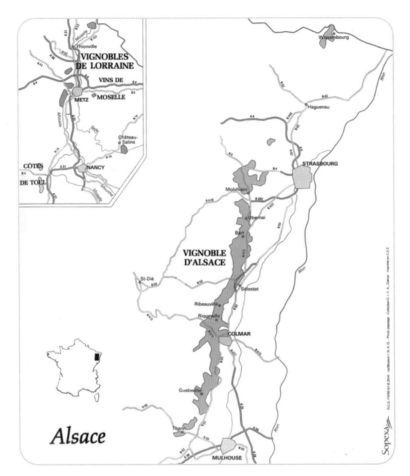

출처 : 소펙사

　알자스는 독일과 국경을 맞댄 북부 내륙지방으로 기후조건상, 서늘한 날이 많아서 포도의 성장기간이 짧아서 주로 청포도를 재배하여, 전체의 82%에 달하는 질 좋은 화이트 와인의 명산지로 알려져 있다. 가장 많이 재배되는 포도 품종은 화이트의 경우 게뷔르츠트라미너(Gewurztraniner), 피노그리(Pinot Gris), 리슬링(Riesling), 피노 블랑(Pinot Blanc) 등 다양한 품종이 재배된다.

　옛날부터 이 지방은 독일과 영토분쟁이 심했던 곳으로 독일영토에 속한 적이 몇 번 있다. 와인 스타일도 독일과 비슷하여 재배하는 포도의 품종도 동일하며, 병모양도 목이

가늘고 긴 병을 사용한다. 알자스 지방은 비가 적으며, 특히 수확기에는 비가 전혀 내리지 않으며, 알자스의 중심지인 콜마(Colmar)는 프랑스에서 두 번째로 비가 적게 내리는 도시이다.

품종

- 리슬링(Riesling) : 알자스 지방에서 재배되는 포도의 20%를 차지한다. 독일과 알자스 지방의 대표적인 포도 품종, 이것을 만든 와인은 생선류와 잘 어울린다.

- 게뷔르츠트라미너(Gewürztraminer) : 알자스 지방 포도의 약 20% 차지, 이것으로 만든 와인은 특색 있는 맛으로 좋아하는 사람과 싫어하는 사람의 구분이 확실하다.

알자스 게브르츠 트라미너

- 피노 블랑(Pinot Blanc) : 새로운 스타일로서 좋아하는 사람이 점점 많아지고 있다. 이 와인은 식전주(Apéritif)로도 사용된다.

- 피노 그리(Pinot Gris 혹은 Tokay Pinot Gris) : 중세 헝가리에서 도입한 품종으로 진한 황금빛 와인을 만든다.

프랑스 베이커리샵

루아르(Loire) 와인

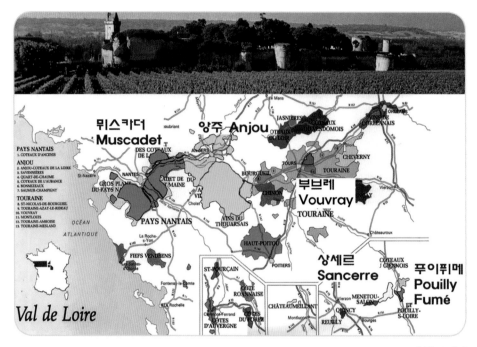

출처 : 소펙사

대서양 연안 낭트(Nantes)에서 앙주(Anjou) 그리고 투렌(Touraine)으로 이어지는 아름다운 루아르 강을 따라 1,000 km에 이르는 긴 계곡으로 연결된 와인의 명산지이며 프랑스 AOC 와인의 10%가 이 지방에서 생산된다.

대체로 가볍고 신선한 맛으로 유명한 화이트와인은 루아르 AOC 와인 중 56%로 소비뇽 블랑과 슈냉 블랑이 주종을 이루며 레드와인은 카베르네 프랑에 카베르네 소비뇽, 피노 누아, 가메 등이 섞인다.

대체적으로 루아르 와인은 숙성을 오래 시키지 않고 영 와인(Young wine) 때 소비되는데, 스위트 부브레(Sweet Vouvray)는 비교적 오랫동안 보관할 수 있다. 푸이 퓌메는 3-5년, 상세르는 2-3년, 뮈스카데는 1-2년 정도일 때가 가장 맛이 좋다.

루아르 지방 와인은 다른 지방의 와인에 비하여 값이 비싸지 않아 파리 사람들에게 여름용 와인(Summer wine)으로 인기가 높다.

품종

- 슈냉 블랑(Chenin Blanc) : 루아르를 대표하는 화이트와인용 품종

- 소비뇽 블랑(Sauvignon Blanc) : 루아르 고급 와인으로 중부 지방의 '상세르(Sancerre)', '푸이 퓌메(Pouilly-Fumé)' 등이 유명

- 믈롱 드 부르고뉴(Melon de Bourgogne) : 뮈스카데의 주품종

- 샤르도네(Chardonnay) : 재배면적이 넓지 않으며 스파클링 와인용

- 아르부아(Arbois) : 루아르 토종으로 블렌딩용

- 그롤로(Grolleau) : 루아르 토종 포도

- 기타 : 카베르네 소비뇽, 코(말베크), 피노 도니, 피노 뫼니에 등

유명와인산지

- 뮈스카데(Muscadet) : 뮈스카데에서 생산되는 산뜻하고 가벼운 드라이 와인으로 100% 믈롱 드 부르고뉴(Melon de Bourgogne)으로 만든다. 특히 해산물과의 조화는 완벽하다. 뮈스카데는 바다가 가깝기 때문에 대서양 연안의 굴과 조개 등 해산물이 풍부하다.

- 앙주(Anjou) : 여러 가지 와인이 나오지만, 로제는 세계적으로 유명하다.

- 푸이 퓌메(Pouilly Fumé) : 푸이 수르 루아르(Pouilly-Sur-Loire)에서 주로 생산하는 와인으로 보통 드라이 타입이며, 독특하고 신선한 맛에 신맛이 강하다. 루아르 지방 와인의 맛을 대표적으로 나타내는 와인으로 100%

프랑스의 캐주얼 와인 마리아주음식

소비뇽 블랑(Sauvignon Blanc, 이 지방에서는 Blanc-Fumé)으로 만든다.

- 상세르(Sancerre) : 상세르에서 생산되는 와인으로 푸이 퓌메와 뮈스카데의 중간타입. 100% 소비뇽 블랑(Sauvignon Blanc)으로 만든다. 푸이 퓌메보다 더 드라이하므로, 조개류나 간편한 해산물과 조화가 잘 된다.

- 부브레(Vouvray) : 100% 슈냉 블랑(Chenin Blanc)으로 만든 와인으로, 드라이에서 스위트까지 여러 가지 타입이 있다. 세미 드라이(Semi dry) 타입은 과일이나 치즈 등과도 어울린다.

랑그도크 루시용(Languedoc-Roussillon) / 남프랑스(Sud de France) 와인

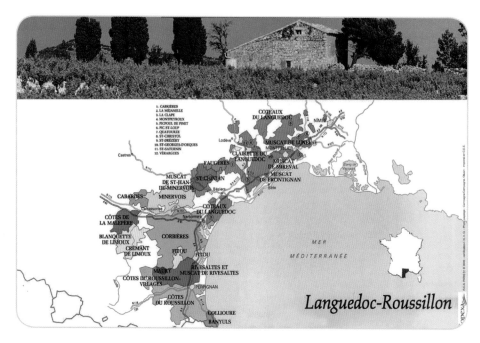

출처 : 소펙사

프랑스 전체 와인의 1/3을 생산하는 곳으로 따뜻하고 건조하며 풍부한 일조량 때문에 어디서나 포도가 잘 자라며 대중적인 와인을 생산하는 지역이다. 다양한 와인이 제조되어 레드, 화이트, 스위트, 스파클링 와인까지 만들지만 대부분은 남부지방에서 재배되는 품종을 사용하여 뱅 드 타블(Vins de Table) 급과 품종이 상표에 표시되는 뱅 드 페이(Vins de Pays) 급 와인의 70%를 생산하는 곳으로, 이 지방에서 나오는 뱅 드 페이 와인은 뱅 드 페이 도크(Vin de Pays d'Oc)으로 표시되며, 생산량의 75%를 수출하고 있다.

프랑스 사람과 와인

프랑스 사람에게 와인은 우리의 김치만큼 중요한 식품으로 프랑스 사람들 식탁에서 빼놓을 수 없는 중요한 요소로 프랑스 사람의 삶의 피라고도 표현한다. 추운 북부지방과 따뜻한 남부지방에서 다양한 농산물이 나오고, 북해와 대서양의 한류 그리고 지중해의 난류에서는 다양한 수산물이 나온다. 그리고 여러 민족이 얽혀서 여러 가지 색다른 음식 맛을 옛날부터 익히고, 왕족과 귀족의 호화찬란한 생활과 까다로운 입맛에 맞는 고급요리가 발달하였다. 이에 맞추어 와인 또한 요리와 함께 식탁을 장식하는데 필수적인 식품이 될 수밖에 없었다.

둘째로 지방의 특성을 살릴 수 있는 품질관리 제도에 의한 와인산업의 발달을 들 수 있다. 지금까지 살펴본 프랑스의 와인은 각 지방별로 특색이 있고, 또 전통적으로 고유의 등급을 가지고 있기 때문에, 어느 지방의 와인이 가장 좋다고 단적으로 이야기 할 수 없다. 모두가 고급이며, 모두가 특색 있다. 이렇게 특성 있는 와인을 만들 수 있게 된 배경은 다양한 품질관리제도, 프랑스 사람의 정직성, 각 생산자의 품질에 대한 자부심 그리고 엄격한 법률 등에 바탕을 둔 것이다.

셋째는 주어진 조건을 최대한 활용하여 와인을 만든다는 것이다. 예를 들면 보르도의 소테른은 수확기에 곰팡이가 낀 포도를 이용하여 세계에서 가장 비싼 와인을 만들며, 샹파뉴는 추운 기후조건을 이용하여, 신맛이 강한 와인으로, 유명한 샴페인을 만들고 있다. 그리고 코냑지방에서는 별 볼 일 없는 와인을 증류하여 코냑이라는 브랜디를 만들어 수출시장에서 중요한 위치를 차지하고 있다.

그렇지만 무엇보다도 와인의 품질에 가장 큰 영향을 주는 것은 프랑스 사람들이다. 연간 1인당 60병 이상의 와인을 마시며, 프랑스 와인에 대한 자부심은 프랑스 와인은 와인의 교과서로서, 와인을 생산하는 모든 나라들에게 끼친 영향도 지대하다.

프랑스의 와인 마리아주 음식

이탈리아 와인

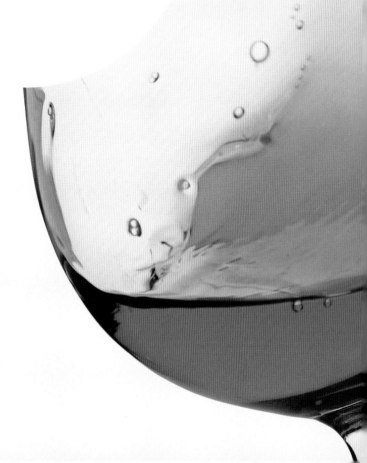

이탈리아 와인

이탈리아는 남북으로 긴 국토 전역에서 와인을 생산하며 오늘날 세계 최대의 와인 생산국가로 생산량 세계 1-2위, 소비량 세계 1위, 그리고 수출량도 근래에 세계 1위를 달리고 있다. 옛날부터 그리스 사람들은 이 곳을 '와인의 땅(Oenotria)'이라고 불렀을 정도로

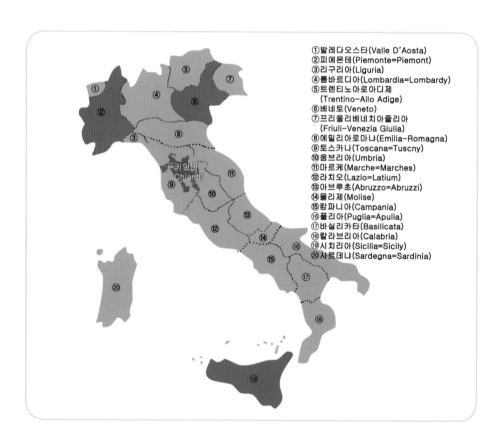

① 발레다오스타(Valle D'Aosta)
② 피에몬테(Piemonte=Piemont)
③ 리구리아(Liguria)
④ 롬바르디아(Lombardia=Lombardy)
⑤ 트렌티노아로아디제
　(Trentino-Allo Adige)
⑥ 베네토(Veneto)
⑦ 프리울리베네치아줄리아
　(Friuli-Venezia Giulia)
⑧ 에밀리아로마냐(Emilia-Romagna)
⑨ 토스카나(Toscana=Tuscny)
⑩ 움브리아(Umbria)
⑪ 마르케(Marche=Marches)
⑫ 라치오(Lazio=Latium)
⑬ 아브루초(Abruzzo=Abruzzi)
⑭ 몰리제(Molise)
⑮ 캄파니아(Campania)
⑯ 풀리아(Puglia=Apulia)
⑰ 바실리카타(Basilicata)
⑱ 칼라브리아(Calabria)
⑲ 시치리아(Sicilia=Sicily)
⑳ 사르데냐(Sardegna=Sardinia)

와인이 많이 생산된 곳이었으며, 3,000년 전 로마시대 이전부터 와인을 만들어 로마시대에는 유럽전역에 포도를 전파하였다

이탈리아 사람들은 와인을 마시지 않고 먹는다고 말하며, 빵이나 우유같이 하나의 식품으로 취급하여 왔기 때문에 품질에 대해 특별한 주의를 기울이지 않고 지역마다 다양한 제조법으로 와인을 만들기 때문에 품질이 일정하지 않다. 또 1800년대 중반까지 통일된 국가가 아닌 도시국가형태로 분열된 채 지내왔기 때문에, 범국가적인 와인에 대한 정책이 이루어진 것도 비교적 늦은 편으로, 최근 들어서야 프랑스와 같은 원산지 통제 및 규격을 설정하여 품질을 향상시키는 등 이탈리아 와인의 명성을 회복하기 위하여 노력하고 있으며 고급와인의 수출도 꾸준히 늘고 있는 상황이다.

원산지 표시제도 : DOC/DOP(Denomninazione di Origine Protetta)

프랑스의 AOC 제도를 모방하여, 1963년부터 이 제도를 시행하였다. 이탈리아에는 약 300개의 DOC가 정해져 있는데, 전체 생산량의 20% 이상이 DOC 와인이며 나머지는 별도의 규제를 받고 있다. 이 제도는 다음과 같은 내용을 담고 있다.

첫째, 포도 재배지역의 지리적인 경계와 그 명칭을 정하고

둘째, 사용되는 포도의 품종과 그 사용비율을 통제하며

셋째, 단위면적당 포도 수확량을 규제하며

넷째, 와인의 알코올 함량을 정하고

마지막으로 와인의 숙성시간을 정하여 그 질을 높이는데 주력하고 있다. 프랑스의 AOC 제도에 비하여 특이한 점은 숙성시간에 대한 통제라고 할 수 있다.

- DOP(Denominazione di Origine Protetta) : 이 그룹에는 다음 두 가지가 있다.
  - DOC(Denominazione di Origine Controllata, 데노미나초네 디 오리지네 콘트롤라타) : IGP 와인으로 5년 이상 된 것에 한하며, IGP 구역 내에서 특별한 테루아르와 지역 특유의 특성이 나타나는 고급 와인을 심사하여, 결정한 것으로 포도 품종은 표시하지 않고 원산지만 표시한다.

– DOCG(Denominazione di Origine Controllata e Garantita, 데노미나초네 디 오리지네 콘트롤라타 에 가란티타) : 원산지 명칭 통제 보증이란 뜻으로 DOC 와인으로 10년 이상 된 것으로 일정 수준 이상의 것을 심사하여 결정한다.

- IGP(Indicazione Geografica Protetta)/IGT : 프랑스 Vin de Pays 수준

- 비노(Vino)/비노 다 타볼라(Vino da Tavola) : 프랑스 Vins de Table.

품종

- 네비올로(Nebbiolo) : 이탈리아의 피에몬테 지방에서 많이 재배되는 품종

- 산조베제(Sangiovese) : 네비올로와 함께 이탈리아 적포도 품종을 대표 키안티(Chianti)의 주 품종

- 바르베라(Barbera) : 피에몬테 지방에서 많이 재배

- 돌체토(Dolcetto) : 피에몬테에서 주로 생산되는 적포도

- 트레비아노(Trebbiano) : 이탈리아의 대표적인 청포도로

- 말바지아(Malvasia) : 청포도로서 그리스에서 건너온 품종

유명와인산지

토스카나(Toscana) - 키안티의 산지

이탈리아 중부 유명한 플로렌스가 있는 지방으로 가장 많이 알려진 키안티(Chianti) 와 그 외 브루넬로 디 몬탈치노(Brunello di Montalcino) 와 비노 노빌레 디 몬테풀차노(Vino Nobile di Montepulciano) 등이 유명하다.

로마의 디너테이블 세팅

키안티(Chianti)

　전통적으로는 짚으로 둘러싼 플라스크 모양의 피아스코(Fiasco)라는 병으로 유명한 와인으로 신선하고 가벼운 맛으로 이탈리아 음식과 잘 어울리며, 토스카나지역의 레스토랑에서는 거의 음료수 같이 취급되며, 키안티에는 다음과 같이 세 가지가 있다.

● 키안티(Chianti) : 가장 기본급

● 키안티 클라시코(Chianti Classico) : 키안티내의 특별지역에서 나온 것. 병의 봉함 부분에 검은색 수탉그림을 넣는다.

● 키안티 클라시코 리세르바(Chianti Classico Riserva) : 'Riserva(리세르바)'는 클라시코 급으로 2년 이상 숙성시킨 것이다.

슈퍼 투스칸(Super Tuscans)

　볼게리를 중심으로 DOC 규격을 무시하고 독자적으로 품종을 선택하여 블랜딩하여 만든 와인으로, 그 독특한 스타일과 품질이 인정받으면서 가격 또한 높게 책정된 이 지역의 우수한 와인을 '슈퍼 투스칸(Super Tuscans)'이라고 한다.

● 사시카이아(Sassicaia)
● 티냐넬로(Tignanello)
● 오르넬라이아(Ornellaia)
● 솔라이아(Solaia)

토스카나 볼게리와인들

오르넬라이아 와인시음

오르넬라이아 마세토 와인시음

브루넬로 디 몬탈치노(Brunello di Montalcino)

몬탈치노에서 만드는 색깔이 짙고 타닌함량이 많은 강한 레드와인이다.

비노 노빌레 디 몬테풀치아노(Vino Nobile di Montepulciano)

토스카나 남부지방에서 생산되는 귀족적인 와인이다.

피에몬테(Piedmonte)

이탈리아 북서부의 알프스 산맥 아래에 프랑스와 스위스 국경에 접
하는 지역으로, 바롤로(Barolo)와 바르바레스코(Barbaresco)가 가장 유
명하고, 스파클링 와인으로는 아스티 스프망테(Asti Spumante)가 유명
하다. 대부분 가파르고 추운 곳으로 포도재배가 용이한 곳은 아니지만

모스카토 디스티

고급 와인이 많이 나오는 곳이다.

- 바롤로(Barolo), 바르바레스코(Barbaresco) : 알코올 농도도 높고 진한 맛을 내는 네비올로 품종 와인으로, 가파르고 추운 곳에서 나오는 바롤로를 와인의 왕이라고 하고, 우아한 바르바레스코를 여왕으로 부른다.

- 돌체토(Dolcetto) : 프랑스의 보졸레와 같이 가볍게 마시는 와인으로 가격도 비싸지 않고 마시기 좋다.

- 바르베라(Barbera) : 바르베라로 만든 와인, 가장 값싸고 흔한 대중적인 와인이다.

- 아스티(Asti) / 아스티 스푸만테(Asti Spumante), 모스카토 다스티(Moscato d'Asti) : 스파클링 와인으로, 대부분 약한 스파클링 와인인 프리찬테(Frizzante)로 제조하며, 전 세계적인 매출을 기록하는 와인이다.

※ 피에몬테의 와인을 마실 때는 가벼운 바르베라나

피에몬테 지아코사와이너리 표지판

돌체토를 마신 다음에 풍부한 바르바레스코를 마시고, 최종적으로 묵직하고 강한 바롤로를 마신다. 즉 바롤로는 와인의 최고봉이라고 할 수 있다.

아마로네와인

이탈리아 북서부 베네토지역에선 포도를 수확 하여 3-4개월 동안 시원한 곳에서 말려 당분 함량을 높인 뒤에 완전히 발효시켜 단맛이 없는 알코올 함량 15-16 % 정도의 5년 이상 숙성을 요하는 아마로네(Amarone)라는 특이한 레드와인을 만드는데 이탈리아 레드와인 중 가장 강한 맛을 가지고 있어, 그 강력한 깊은 맛으로 인해 명상(Meditation)와인이라고도 불리우고 있다.

베네토(Veneto)

이탈리아 북동쪽 유명한 관광지 베네치아가 있는 지역으로, 화이트와인으로는 소아베(Soave)가 유명하고 아마로네(Amarone)로 유명한 발폴리첼라(Valpolicella)가 있다.

기타 유명와인

- 베르뭇(Vermouth)

세계적인 식전주(Apéritif)로 여러 가지 향을 첨가하여 특별한 맛과 향을 갖는 이탈리아 특유의 강화와인(Fortified wine)

- 마르살라(Marsala)

시칠리아 섬의 강화와인으로 드라이 와인에 포도 농축주스나 고농도 알코올을 첨가하여 알코올 농도 17-19%이며 호박색으로 드라이 타입과 스위트 타입이 있다.

베네토 알레그리니 와인

이탈리아의 길거리 간편음식들

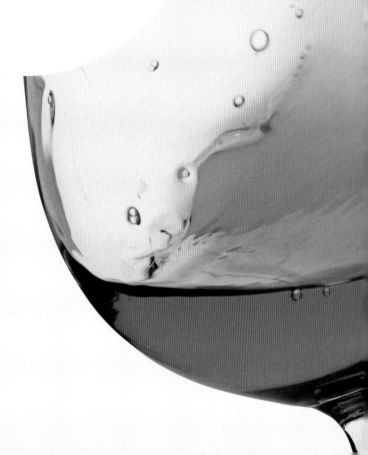

소 믈 리 에 와 인 의 세 계

Chapter

07

독일 와인

독일 와인

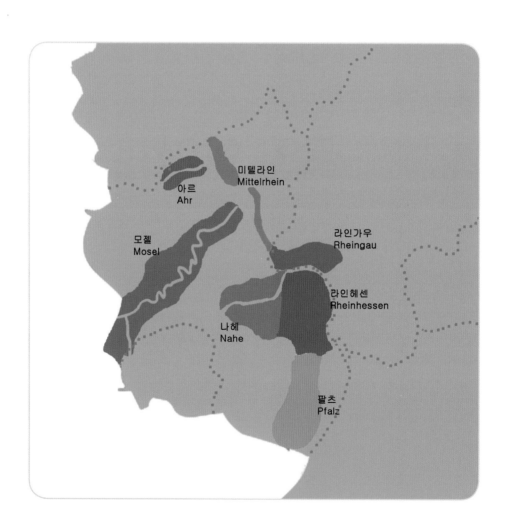

독일의 라인 강 유역은 포도를 재배할 수 있는 지역 중 가장 북쪽에 위치한 곳으로 날씨가 춥고 일조량이 많지 않기 때문에 독일 포도밭의 80% 이상이 경사도 45° 이상 가파른 라인 강 등의 언덕에서 재배되며, 주로 화이트 와인을 생산하고 있으며 특히 라인과 모젤 와인은 세계적으로 유명하다.

독일은 한마디로 화이트와인의 강국으로, 알코올함량이 낮으며 와인마다 각기 다른 향과 매혹적이고 섬세한 뉘앙스를 지닌 와인으로, 전 세계인들의 사랑을 받고 있다.

품종

- 리슬링(Riesling) : 독일에서 최고, 최대(34% 차지)의 화이트와인용 품종이다. 라벨에 품종을 표시하려면, 이 품종을 85% 이상 사용해야 한다.

- 질바너(Silvaner) : 리슬링보다 가볍고 부드러운 맛을 낸다. 약 8% 차지한다.

- 뮐러 투르가우(Müller-Thurgau) : 산도가 약하고 약간 덤덤한 맛으로, 다른 품종과 섞어서 와인을 만든다. 약 21% 차지한다.

- 게뷔르츠트라미너(Gewürztraminer) : 독특한 향신료 향을 가진 개성 있는 품종이다.

독일 와인 스타일

독일은 날씨가 춥고 일조량이 부족하기 때문에 포도의 당분함량이 낮으며 대신 산도는 높기 때문에 발효 전에 포도주스에 설탕을 넣어서 발효 후 와인의 알코올 함량을 높인다. 그렇지만 고급와인 제조 시에는 설탕을 넣는 것이 금지되어 있다.

또는 발효가 완전히 끝난 와인에 포도주스를 섞기도 하여 와인의 당분함량이 증가하고 알코올 농도는 낮아서 맛이 달고 포도의 신선한 향을 지니는 부드러운 와인이 된다. 이 방법은 1950년대 중반부터 쓰이기 시작하여 요즘 대중화 되었으며, 이렇게 사용하는 포도주스를 독일에서는 쥐스레제르베(Süssreserve)라고 부른다.

품질체계(1971년 제정)

- 타펠바인(Tafelwein) : 독일 와인 중 가장 낮은 등급으로 재배지 구분이 없다.

- 란트바인(Landwein) : 타펠바인의 높은 등급으로 1982년에 프랑스 뱅 드 페이(Vins de Pays)를 모방하여 도입한 것이다.

- 크발리테츠바인(Qualitätswein) / 크발리테츠바인 베쉬팀터 안바우게비테(QbA, Qualitätswein bestimmter Anbaugebiete) : 특정지역에서 생산되는 고급와인이란 뜻으로 법률로 정한 13개 지구에서 생산되는 와인이다. 독일 와인 중 가장 생산량이 많다.

- 프래디카츠바인(Prädikatswein, 특색있는 고급와인) : 예전에는 '크발리테츠바인 미트 프레디카트(QmP, Qualitätswein mit Prädikat)'라고 했으나, 2007년부터 프래디카츠바인 으로 변경하였다. 특징 있는 고급 와인이란 뜻으로, 발효 전에 포도 주스에 설탕을 첨가하지 못하지만, 특별한 경우는 보관한 포도주스를 넣을 수 있다. 보통 잔당이 있을 때 발효를 중단하여 달게 만든다. 다음과 같이 6단계로 나눈다.
  - 카비네트(Kabinett) : 가볍고 약간 스위트한 와인으로 프래디카츠 바인의 대중적인 것이다.
  - 슈페트레제(Spätlese) : 늦게 수확하여 만든 와인이란 뜻으로 정상적인 수확기를 지나 당도가 높아진 다음 수확한 포도로 만든 와인이다.

독일 라인가우 리슬링   독일 로제 스파클링   독일 아우스레제 모젤리슬링

- 아우스레제(Auslese) : 선택적으로 과숙한 포도만을 수확하여 만든 와인이란 뜻으로 완전히 익어야 하고 썩거나 상한 것이 없어야 한다. 대체로 스위트이지만 드라이도 있다.

- 베렌아우스레제(Beerenauslese) : 잘 익은 포도 알맹이만을 선택적으로 수확하여 만든 와인이란 뜻이다. 보통 스위트 와인이 된다. 포도 알맹이가 쭈글쭈글해져야 하며 선택적으로 수확한다. 10년에 2-3번 정도 생산한다.

- 아이스바인(Eiswein) : 포도나무에 매달아 놓은 채 겨울까지 기다린 다음 포도를 얼려서 해동시키지 않고 즙을 짜서 만든 와인이다. 보트리티스 곰팡이 영향을 받지 않도록 두다가 겨울이 되면 서리와 눈을 맞히고 수확하는데, 보통 12월이나 1월에 수확하며, 국제규정으로 영하 7℃ 이하에서 수확하여 압착하도록 되어있다.

- 트로켄베렌아우스레제(Trockenbeerenauslese, TBA) : 보트리티스 곰팡이가 낀 포도를 건포도와 같이 열매를 건조시킨 다음에 하나씩 수확하여 만든 와인으로 스위트 와인이 된다.

슈페트레제(Spätlese)의 시작

라인가우 지방의 수도원에서는 포도를 수확하는데 반드시 수도원장의 허락이 떨어져야 수도승들이 작업을 할 수 있었다. 1775년 수도원장이 회의 차 다른 곳에 가 있었는데 공교롭게도 그 해 포도가 빨리 익었다. 그래서 사람을 수도원장에게 보내 허락을 맡아 오도록 했는데 그 동안 포도는 곰팡이가 끼고 조금만 더 있으면 모두 망칠 것 같았다. 그렇지만 기다려서 허락이 떨어진 다음 수확하여 와인을 만들었는데, 그 어느 때 보다도 맛이 좋아서 이때부터 슈페트레제 와인을 만들기 시작했는데, 꼭 수확기를 지나서 수확하는 것은 아니며 포도의 성숙도에 따라서 다르다.

주요 생산지역(1971년 제정)

모젤(Mosel)

독일 와인의 15%를 생산하며 신선한 맛이 특징으로 약간의 연두색을 띠며, 전통적으로 녹색 병을 사용하며, 라인와인보다 가볍고 섬세하며 알코올 도수가 낮으며 산도는 조금 높은 편으로 1-2년 안에 마시는 것이 좋다. 일조량이 부족하기 때문에 사행천인 모젤 강이 흐르는 강가 언덕에 남향으로 포도밭을 조성하여 물에 반사되는 햇빛을 더 받을 수 있게 만들고, 점판암으로 된 토양은 낮의 열기를 간직하여 밤에 서리를 방지한다.

라인가우(Rheingau)

라인가우는 독일 와인 중에 가장 고급 와인의 생산지이며, 세계 최고의 와인 생산지역 중에 하나이며, 독일 와인의 3%를 생산한다. 라인가우 와인은 모젤보다 알코올 함량이 높고 원숙한 맛을 내며 더 강건하고 향기가 심오하고 기품이 넘치는 최고급와인이다. 라인 강이 동서로 흐르는 곳에서 포도밭이 남향으로 위치하기 때문에 일조량이 많아서 독일 와인의 최적지라고 할 수 있다. 슈페트레제와 아우스레제 등 레이트 하비스트의 근원지이며, 리슬링 맛과 향을 가장 잘 드러낸다는 북위 50°를 지나는 곳에 자리 잡고 있다.

독일 라인가우 리슬링와인

라인헤센(Rheinhessen)

13개 지역 중 면적이 가장 크고, 수출량의 1/3을 차지하며, 유명한 립프라우밀히(Liebfraumilch) 와인의 60% 이상을 생산한다. 다양한 토양 형태와 미기후로 새로운 교

배종들이 재배되는 지역이다.

아르(Ahr)

독일에서 레드와인의 천국으로 알려져 있으며, 본(Bonn) 시가지 남쪽에서 라인 강으로 합류하는 아르 강 유역을 따라 험한 경사지에 퍼져 있다. 슈페트부르군더 등 레드와인이 생산되며 가볍고 독특한 과일 맛이 특징적인 와인이다.

나헤(Nahe)

모젤 강과 라인 강 사이에 있는 다양한 퇴적 광물 층으로 형성된 곳으로 와인 또한 다양성을 가지고 있다.

미텔라인(Mittelrhein)

본(Bonn) 시가지 아래 라인 강 유역으로 점판암으로 형성된 좁고 가파른 언덕에 포도밭이 조성되어 있다. 드라이 와인이 많으며, 스파클링 와인도 생산한다.

팔츠(Pfalz)

알자스의 산맥 줄기가 포도밭을 감싸고 있어서 온화하고 햇볕이 풍부한 기후에서 포도가 잘 익는 편이어서, 팔츠의 화이트와인은 마시기 편하고 과실 맛이 나는 레드 와인들도 유명하다. 두 번째로 큰 지역이지만, 생산량은 가장 많다.

라벨 읽기

① **와인등급** : Prädikatswein

② **빈티지** : 2008년, 그 해 연도의 와인 85% 이상

③ **품종** : 리슬링 85% 이상

④ **가문(생산자명)** : Fust von Metternich

⑤ **와인명칭** : Piesport(마을 명칭), Goldtröpfchen(포도밭 명칭)

⑥ **등급** : 슈페트레제(Spatlese)

블루 넌(BLUE NUN)

독일 와인 중 외국인에게 가장 많이 알려진 상표이다. 원래 명칭은 립프라우밀히(Liebfraumilch) 였는데 외국사람들이 발음하기 어려워 블루 넌(Blue nun)으로 개명하였다. 립프라우밀히 (Liebfraumilch)는 '성스러운 어머니의 젖'이란 뜻이다. 라인헤센에서 생산되는 값싼 대중주였 는데, 1971년 크발리테츠바인이 되었다. 1983년부터는 생산지명을 표시하게 되어 라인헤센, 팔츠, 나에 그리고 라인가우 4개 지역에서 나오는 것만 이 상표를 붙이도록 허용되었다. 맛이 좋고 값이 비싸지 않다.

모젤이 발랄하고 아름다운 처녀라면,
라인은 성숙한 30대 여인과 같다.

- Walter Mueller

스페인 와인

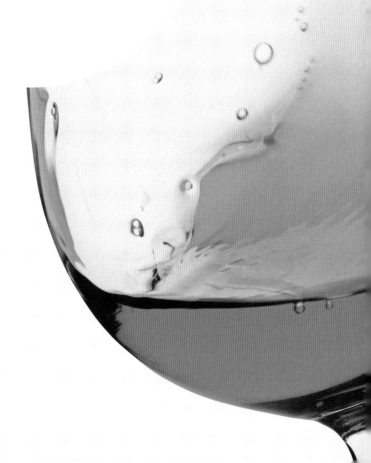

스페인 와인

스페인은 와인생산국 중 가장 넓은 포도밭을 가지고 있지만, 세계 3번째 와인 생산국으로 날씨가 건조하고 관개시설이 빈약하여 생산성이 좋지 않다. 전 지역에서 다양한 와인이 생산되며, 페네데스 지방의 카바(Cava, 스페인 스파클링 와인)를 비롯하여 강화 와인으로 유명한 셰리 등 전 세계적으로 잘 알려진 와인들이 나오고 있다.

그러나 아직도 전근대적인 방법으로 와인을 만드는 지역이 많고, 레드와인은 물론 화이트와인까지 나무통에서 너무 오래 숙성시켜 퀴퀴한 맛을 내는 와인이 많았지만, 근래에 들어서는 과학적인 방법을 도입하고, 활발한 투자로 괄목할 만한 성장을 하고 있으며, 카베르네 소비뇽, 샤르도네 등 새로운 품종을 도입하여 우수한 와인생산에 노력을 기울이고 있다.

1990년대부터는 현대적인 시설을 갖추고 개성과 독자성을 지닌 새로운 와이너리들이 스페인 와인의 현대적인 이미지를 개선해 가고 있다.

원산지 표시제도

1970년대에 AOC와 유사한 DO(Denominación de Origen)제도를 도입하였으나 아직은 안정적이지는 못하다. 2003년에는 포도재배 및 와인양조에 관한 새로운 법을 통과시켜, 고급 와인으로 '단일포도원(Pago)' 개념을 새로 도입하여 제도권 밖에 있던 뛰어난 와인을 수용하였다. 2006년 EU에서 72개의 특정지역을 고급 와인 생산지로 지정하였다.

- VdM(Vino de Mesa, 비노 데 메사)

- VdlT(Vino de la Tierra, 비노 델라 티에라)

- VCIG(Vino de Calidad con Indicacion Geografica, 비노 데 칼리다드 콘 인디카시온 헤오그라피카, 지역명칭 고급 와인)

- DO(Denominación de Origen, 데노미나시온 데 오리헨, 원산지 명칭 와인)

- DOCa/DOQ(Denominación de Origen Calificada, 데노미나시온 데 오리헨, 특정 원산지 명칭 와인)

- DO de Pago(Denominación de Pagos, 데노미나시온 데 파고, 단일 포도밭 와인)

숙성에 관한 규정

- 크리안자(Crianza) : 2년 숙성

- 레제르바(Reserva) : 3년 숙성

- 그란 레제르바(Gran Reserva) : 5년 숙성

품종

- 템프라니요(Tempranillo) : 스페인 고유의 비교적 조생종 적포도 품종

- 가르나차(Garnacha) : 스페인 토종으로 비교적 만생종 적포도 품종

- 마수엘로(Mazuelo) : 프랑스의 '카리냥(Carignan)'

- 그라시아노(Graciano) : 템프라니요 혼합종

- 비우라(Viura) : 스페인 고유의 청포도

- 말바시아 블랑카(Malvasia Blanca) : 블렌딩용

- 가르나차 블랑카(Garnacha Blanca) : 블렌딩용

주요 생산지역

리오하(Rioja) DOCa

스페인 최고의 와인 생산지로 템프라니요 레드와인이 유명하다. 보르도의 와인제조 기술을 도입하여 스페인의 보르도라고 알려져 있다.

페네데스(Penedés) DO

화이트와인 주생산지이며 카바(Cava)라고 하는 스파클링 와인을 샴페인 방식으로 병에서 발효시켜 완성하는데 값이 비싸지 않으면서 맛이 우수한 것으로 평이 나있다.

리베라 델 두에로(Ribera del Duero) DOCa

스페인의 새로운 최고의 레드와인 산지로 묵직하고 색깔 짙은 꽉 찬 와인을 만든다.
베가 시실리아(Vega Sicilia)의 '우니코(Unico)'와 도미니오 데 핑구스(Dominio de Pingus) 최고급 와인인 '핑구스(Pingus)'는 스페인 최고의 와인으로 유명하다.

프리오라토(Priorato) DOCa

해발 900 m가 넘는 경사진 언덕에 퍼져 있는 수도원이란 뜻의 지역으로, 스페인에서 가장 진하고 힘이 넘치는 레드와인을 생산하고 있다.

카바(Cava)

샴페인 방식으로 병에서 2차 발효를 시켜 법적으로 최소 9개월 이상 18개월 이상 몇 년씩 숙성시켜 만들며, 30개월 이상 숙성된 것은 그란 레세르바가 된다.
연간 2억 병 이상의 카바가 생산되며, 알토 페네데스(Alto Penedes)에 있는 코도르니우(Codorniu)는 세계에서 가장 긴 인공 동굴(30km)에 다섯 단계로 1억 2천만 병을 저장할 수 있는 시설을 갖춘 최대 메이커이다. 스페인 카바는 '코도르니우(Codorniu)'와 '프레이세넷(Freixenet)' 두 군데가 80% 이상을 점유하고 있다.

리아스 바이사스(Rias Baixas) DO

새로운 화이트와인의 명산지이다.

라 만차(La Mancha) DO

가장 많은 양의 와인 생산지이다.

셰리(Sherry)

셰리는 프랑스의 샴페인처럼 스페인의 단일지역 와인 중 세계적으로 가장 인기 있는 와인이다. 생산량은 스페인 전체 와인의 4%밖에 되지 않지만, 일찍부터 영국 상인들에 의해서 세계로 퍼진 대표적인 식전주 (Apéritif)이다.

리오하 란 크리안자

제조과정

원료 포도는 팔로미노(Palomino)라는 특성이 없는 청포도를 주로 사용하고, 페드로 히메네스(Pedro Ximénez)로는 스위트 셰리를 만들거나 블렌딩 용으로 사용한다. 옛날에는 9월 첫 주에 수확하여 건조시킨 다음에 압착했으나, 요즈음은 약간 늦게 수확하여 당도를 높인다. 전통적인 방법으로 작은 통에서 발효시킬 때 90 %만 채우고 25-30 ℃에서 발효시키면, 10일 이내에 당이 알코올(알코올 13.5 %)로 완전히 변한다. 이것을 그대로 40-50일 두다가 따라내기를 하면 드라이 와인이 완성된다.

이렇게 만든 와인을 500ℓ 통(Butt)에 가득 채우지 않고 두면 플로르(Flor)가 생기는데, 생길 수도 있고 안 생길 수도 있기 때문에 향을 맡아보고, 가능성이 없는 것은 알코올을 부어 20-24%로 맞추어 더 이상 플로르가 번식하지 못하도록 한 다음에 '올로로소 (Oloroso)'를 만들고, 플로르가 번식한 것은 알코올 농도를 조절한 다음에 숙성시켜 '피노(Fino)'로 만든다. '크림 셰리(Cream Sherry)'는 올로로소에 페드로 히메네스를 넣어 달게 만든 것이다. 요즈음은 압착할 때부터 구분하여 피노 용은 프리 런 주스, 올로로소는 프레스 주스로 구분하여 발효시킨다.

셰리의 종류

- 피노(Fino) : 플로르를 번식시켜 만든 가장 기본적인 타입으로 색깔이 옅고 알코올 농도도 낮다. 해산물과 조화가 가장 잘 되는 와인으로 알려져 있다. 차게 해서 마신다.

- 아몬티야도(Amontillado) : 피노와 똑같이 만들지만 숙성을 좀 더 오래 시키고(최소 8년), 알코올 농도를 더 높여 16-20%로 조절한 것이다. 아몬티야도는 산화가 더 진행되어 색깔이 좀 더 진하고 호두 향을 얻게 된다.

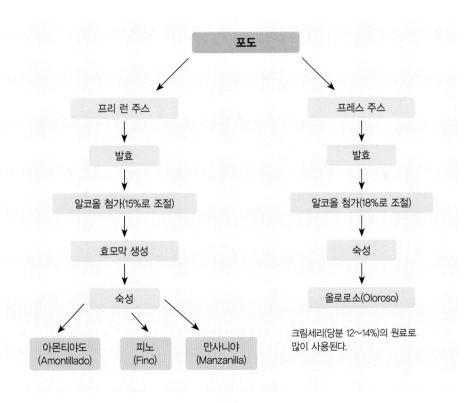

셰리의 종류

플로르(Flor, 영어 : Flower)

발효가 끝난 와인을 오크통에 가득 채우지 않고 뚜껑을 열어 놓고 얼마 동안 두면 와인 표면에 백회색의 효모 막이 생기는데 이것을 스페인에서는 '플로르(Flor, 영어로 Flower)'라고 하는데, 이 플로르 형성을 위해서는 알코올 농도가 13.5-17.5% 정도가 적당하며, 요즈음은 알코올 발효가 끝나면 바로 알코올을 부어 알코올 농도를 15.3%로 조절한 다음에 오크통에 넣는다. 플로르는 한 달 만에 표면을 덮어버리는데, 플로르가 형성되면 보호막이 형성되어 더 이상 과도한 산화가 진행되지 않고, 서서히 산화되면서 나오는 향기가 갓 구워 낸 따뜻한 빵에서 나오는 냄새와 같이 이들의 식욕을 자극시키는 효과가 있어서 식전주로서 셰리가 사용되는 것이다.

- **만사니야(Manzanilla)** : 피노를 대서양 연안의 산루카르 데 바라메다(Sanlúcar de Barrameda)라는 곳에서 발효 숙성시킨 것으로, 이것은 이 지역의 습한 미기후 때문에 약간 짠맛이 있는 듯한 자극성을 갖게 된다.

- **올로로소(Oloroso)** : 플로르가 형성되지 않은 셰리지만 장기간 숙성 중 산화를 더 시켜 색깔이 진하고 호두 향을 갖고 있다. 드라이 타입은 드물고 페드로 히메네스 주스를 넣어 스위트 타입을 만든다.

- **크림(Cream)** : 영국시장을 겨냥하여 만든 것으로 올로로소에 페드로 히메네스를 넣어 만든다. 당도는 메이커에 따라 달라지며, 종류 역시 크림을 비롯하여 미디엄, 패일 크림 등 여러 가지가 있다.

- **페드로 히메네스(Pedro Ximénez)** : 동일한 명칭의 포도 품종으로 만든 암갈색을 띠며 리큐르와 같이 농후한 단맛을 내는 셰리로서 디저트용으로 사용되기도 하지만 주로 다른 셰리의 단맛을 내기 위해 사용된다. 수확한 포도를 2-3주 건조시켜 얻은 주스를 완벽하게 발효시키지 않기 때문에 단맛이 강하다.

셰리의 숙성- 솔레라(Solera)

와인저장고는 동굴이나 지하 창고에 만드는데 스페인의 보데가(Bodega)라 부르는 셰리 창고는 주로 지상에 만들어 신선한 공기가 필요하기 때문이다. 게다가 이 지방은 건조하기 때문에 저장 중 와인이 많이 증발하는데, 1년에 약 3%의 와인, 전체적으로 하루에 약 7,000병의 와인이 공중으로 사라진 셈이다. 그래서 이 곳 사람들은 산소와 셰리로 숨쉰다는 말이 있다 (Angel's share).

셰리를 숙성시키는 솔레라 시스템은 셰리가 들어있는 통을 매년 차례로 쌓아 두면서, 위치 차에 의해서 맨 밑에서 와인을 따라내면 위에 있는 통에서 차례로 흘러 들어가도록 만들어 놓은 반자동 블렌딩 방법이다. 그러므로 아래층은 오래된 와인을 넣어두고 위층에는 최근에 담은 와인(Añada)을 담아 매년 아래층의 와인을 꺼내어 병에 담고 새로 담은 와인을 위층에 넣어 둔다. 이렇게 하면 급격한 품질변화가 없이 고유의 맛을 유지할 수 있다. 따라서 셰리에는 빈티지가 없으며 가장 오래된 것을 '솔레라(Solera)'라고 하며, 각 단을 '크리아데라(Criadera)'라고 한다. 셰리에서는 7 단, 만사니야는 14 단 이상 되기도 한다. 법적으로는 1/3 이상을 꺼내어 주병을 못하도록 되어 있으며 보통은 1/5 이하로 자체에서 규제하고 있다.

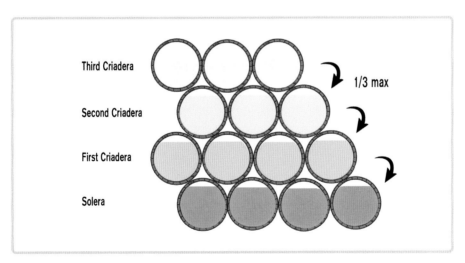

솔레라 시스템

Chapter

09

포르투갈 와인

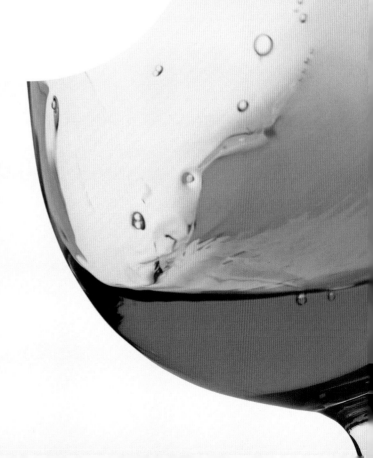

포르투갈 와인

포르투갈은 이탈리아, 스페인과 마찬가지로 레드와인을 많이 생산하고 오크통에서 오래 숙성시키기 때문에 와인 스타일도 이들 나라와 비슷하다.

포르투갈 와인은 샴페인이나 셰리의 명성에 버금가는 '포트(Port)'와 '마데이라 (Madeira)'의 명성 때문에 일반 테이블 와인이 빛을 보지 못하고 있지만, 1980년대 후반부터 활발한 투자와 현대화로 테이블 와인 특히 레드와인은 세계적인 수준으로 품질이 향상하고 있다.

포도재배는 스페인과 같이 로마세대 이전에 시작되었으며 기원전 페니키아 사람들이 중동지방에서 가져온 품종을 아직도 가지고 있다. 요즈음은 카베르네 소비뇽, 메를로, 시라, 샤르도네 등도 재배하지만 아직도 다른 곳에 없는 토종 품종이 많은 편이다.

혹독한 기후와 가파른 언덕에서 다양한 테루아르가 형성되어 나라는 작지만 여러 가지 스타일의 와인이 나온다. 1인당 와인 소비량은 프랑스, 이탈리아 등과 비슷한 50-60병 수준으로 와인 강국이라고 할 수 있다.

포르투갈와인 홍보

원산지 표시제도

원산지 통제는 1113년부터 개인적으로 실시하기도 했지만, 범국가적인 제도는 1756년 도우로(Douro)를 시작으로 1908년에 확립되었으나 지역을 세분화하지 못하고 그렇게 엄격하게 적용되지도 못하였으며, 1987년 변경한 이후 2008년 3가지로 재분류하여 쓰고 있다.

- 지리적 표시 없는 와인, 비뉴(Vinho) : 일반 테이블 와인으로 프랑스 뱅 드 타블(Vins de Table)에 해당된다.

- 지리적 표시 보호 와인 IGP(Indicação Geográfica Protegida, 인디카사웅 제오그라피카 프로테지다) / Vinho Regional : 프랑스의 뱅 드 페이(Vins de Pays)에 해당되는 등급으로 명시된 지역의 포도를 85 % 이상 사용해야 한다. 2013년 현재 11개 지방이 지정되어 있다. Vinho Regional 표기 병용 가능.

- 원산지명칭 보호 와인, DOP(Denominação de Origem Protegida, 드노미나사웅 드 오리젱 프로테지다) / DOC : 프랑스 AOC(AOP)와 동일한 개념이다. 2013년 현재 26 개 지역이 지정되어 있다. DOC 표기와 병용이 가능하다.

  ※ IPR은 종래 DOC 와인이 되기 위한 준비단계의 것으로 2013년 현재 4개 지역이 존재하고 있다.

포르투갈 와인의 상표

주요 생산지역

- 비뉴 베르드(Vinho Verde) DOC
- 포트(Porto) DOC
- 도우로(Douro) DOC
- 다웅(Dão) DOC
- 마데이라(Madeira) DOC

포트(Port)

포트의 역사

역사적으로 포르투갈이 포트의 어머니라면 영국은 포트의 아버지라고 할 정도로 영국인이 가장 애용하는 와인이다. 17세기 영국에서 프랑스 와인의 수입이 어렵게 되자, 영국에서 포트 지방 와인을 수입하기 시작하면서 장기간 항해 도중 와인의 변질을 방지하고자 상인들이 브랜디를 부어 만든 것이 달고 알코올 농도가 높은 포트와인의 시작이다. 처음에는 브랜디를 3% 정도로 소량 첨가하였으나, 와인의 발효 도중에 브랜디를 많이 첨가하여 진하고 단맛 나는 와인으로 변화되었다.

포트의 제조방법

레드와인을 만들 때와 똑같이 와인을 만드는데, 온도를 32℃ 정도로 높게 유지하면서 포도껍질 색소를 추출하기 위한 작업을 계속한다. 36-48시간 정도 지나면 알코올발효가 진행되면서 당분농도가 22-25%에서 9-12%로 변화된다. 그러면 껍질을 비롯한 고형물을 제거하고 알코올(브랜디)을 부어 알코올 농도를 18-20% 정도로 조절한다. 이렇게 하면 알코올 농도가 높아서 더 이상 발효는 일어나지 않고, 당분이 9-10% 정도 남게된다. 이 때 첨가하는 알코올은 반드시 와인을 증류한 것으로 보통 77% 정도 되는 것을 사용한다. 그런 다음 따라내기를 하고 일정한 장소에서 숙성시킨다.

포트의 종류

① 기본급(Basic Ruby, White and Tawny)

- 루비 포트(Ruby Port) : 적포도로 만든 색깔이 짙은 포트이다.

- 화이트 포트(White port) : 청포도로 만든 것으로 드라이, 스위트 두 가지가 있다.

- 토니 포트(Tawny Port) : 색소추출을 약하게 하여 호박색을 띤다.

② 에이지드 토니(Aged Tawnies)

- 에이지드 토니 포트(Aged Tawny Port) : 여러 와인을 블렌딩하여 작은 오크통에서 10년~40년까지 장기간 숙성시켜, 일명 '파인 올드 토니(Fine Old Tawny)' 혹은 '인디케이티드 토니(Indicated Tawny)'라고 한다.

- 콜랴이타(Colheita) : 단일 빈티지만 사용하여 7년 이상에서 50년까지 숙성시키기도 있다.

- 싱글 킨타 토니 포트(Single-Quinta Tawny Port) : 단일 포도밭에서 나온 토니 포트이다.

③ 빈티지 스타일(Vintage and similar styles)

- 빈티지 포트(Vintage Port) : 그 해 수확한 포도만을 사용하여 만든 포트로 알코올 농도 21 %로 병에서도 천천히 숙성되므로, 10년, 20년, 50년 보관 후에 개봉하면 맛이 훨씬 더 부드럽게 되며, 여과 없이 주병하기 때문에 마실 때 디캔팅이 필요하다.

- LBV(Late Bottled Vintage, 레이트 보틀드 빈티지) 포트 : 단일 연도의 포도만을 사용하여, 대형 오크통에서 최소 4-6년 숙성시킨다.

- 싱글 킨타 빈티지 포트(Single Quinta Vintage Port) : 단일 포도밭에서 나온 것으로 만든 포트로서 빈티지 포트의 일종이다.

- 가하페이라 포트(Garrafeira Port) : 특정 연도의 것으로 오크통에서 짧게 숙성한 다음 큰 유리통에서 20년 이상 숙성시켜 병에 넣는다.

포트 및 마데이라 상표

포트의 특성

포트는 가장 교과서적인 와인이라고 할 수 있다. 토양, 기후, 그리고 포도의 종류 등 여러 가지 미지수를 혼합하여 만들기 때문이다. 그렇기 때문에 와인제조에서 가장 어려운 블렌딩과 숙성과정이 포트의 품질과 타입을 결정하게 된다. 빈티지 포트는 오래될수록 맛이 좋아지면서 값이 비싸진다.

마데이라(Madeira)

마데이라는 대서양에 있는 섬에서 생산되는 와인으로 셰리, 포트와 더불어 세계 3대 강화와인 중 하나이다. 이 곳의 와인도 포트와 마찬가지로 영국 상인들이 개발했는데, 장기간 항해에 와인이 쉽게 변질되는 것을 방지하기 위해 17세기 후반부터 와인에 브랜디를 첨가하고 항해한 것을 시작으로 더운 날씨와 배의 흔들림에 의해서 와인의 맛이 좋아진다고 생각하고, 와인을 가열하여 브랜디를 넣어서 만들기 시작하면서 비롯되었다.

Chapter

10

미국 와인

미국 와인

멘도시노
Mendocino

레이크
Lake

소노마
Sonoma

나파
Napa

샌호아퀸밸리
San Joaquin valley

산타클라라
Santa Clara

샌루이스오비스포
San Luis Obispo

산타바바라
Santa Babara

미국 와인은 대부분 이상적인 기후조건을 가진 캘리포니아에서 생산되며 풍부한 자
본과 우수한 기술을 적용하여 우수한 품질의 와인을 생산하고 있다. 전통과 명성에 있
어서 유럽 와인에 뒤지지만 맛은 유럽 와인과 비교하여 차이가 거의 없다.

캘리포니아(California) 와인

 캘리포니아 와인 산지 중 가장 많이 알려져 있고, 고급와인이 생산되는 곳은 샌프란시스코 바로 북쪽에 있는 나파와 소노마 카운티이다. 그러나 이곳에서는 캘리포니아 와인의 9 %만 생산될 뿐이고, 대부분의 와인은 산 호퀸 밸리에서 생산된다.

- 북부 해안지방 : 나파(Napa)

    소노마(Sonoma)

    멘도시노(Mendocino)

    레이크(Lake)

- 중부 해안지방 : 몬테레이(Monterey)

    산타클라라(Santa Clara)

    리버모어(Livermore)

- 남부 해안지방 : 샌루이스 오비스포(San Luis Obispo)

    산타 바바라(Santa Barbara)

- 샌호퀸 밸리 : 캘리포니아 중부 내륙지방

나파밸리 오퍼스원   나파밸리 와인   소노마 카운티 와인

캘리포니아 와인의 역사

　캘리포니아 와인의 시초는 교회 미사용으로 포도나무를 들여오면서 시작되어, 1849년 골드러시 후에 개척자들이 캘리포니아에 정착하면서 와인산업이 발달하였다. 캘리포니아는 와인용 포도를 재배하는데 이상적인 기후조건을 갖추고 있고, 특히 유럽과의 교류가 활발하여, 1900년 초까지 질과 양 모두 괄목할만한 성장을 이룩하였다.

나파밸리 다리우스와이너리 표석

나파밸리 다리우스와이너리

　그러나 1920년 금주법(Prohibition)이 실시로 모든 주류산업이 침체기를 거치며 미사용 와인 제조만 허용되었으며 금주령 해제 후 황폐된 포도밭을 다시 일구기 시작하였으나, 13년간 공백을 채우는 데는 상당한 시간이 소요되었다.

　그렇지만 다시 우수한 기술과 자본이 투입되면서 와인산업이 급속히 성장하게 되었고, 1966년부터는 데이비스 캘리포니아 대학에 와인 양조학과(Enology)를 만들어 졸업생을 배출하기 시작하였으며, 유럽와인 메이커와의 기술제휴, 합작투자 등을 통하여 새로운 방법으로 우수한 와인을 생산하는데 노력을 기울이고 있다.

나파밸리 샤플렛와이너리 포도나무

나파밸리 샤플렛와이너리 와인

캘리포니아 와인의 성장배경

- **위치** : 나파와 소노마 카운티 등 와인 명산지가 샌프란시스코에서 불과 한 시간 거리에 있어서 와인투어 및 사업에 참여하는 등 일반인의 관심을 끌 수 있었다.

- **기후** : 일조량이 풍부하고 온화한 기후로써 어떤 포도라도 잘 자랄 수 있는 천혜의 기조건을 갖추고 있다.

- **자본과 시장** : 캘리포니아에는 코카콜라 등 대기업이 참여하고 유럽과 일본 등지에서 자본이 유입되어 자본과 시장에서 비교적 여유 있게 되었다.

- **데이비스 대학과 프레즈노 대학(U.C. Davis & Fresno State University)** : 포도재배, 토양, 비료, 기술개발 등에 관한 연구와 우수한 인재를 양성하여 캘리포니아 와인의 질을 세계적 수준으로 끌어올리는데 큰 역할을 하고 있다.

캘리포니아 와인의 기술적 특성

유럽은 전통적으로 포도밭에 등급이 있고, 제조방법 또한 법으로 규제하고 있어서, 전통유지에 대한 깊은 의미와 명분을 가지고 있는 반면 새로운 시도는 불가능하다. 그러나 캘리포니아를 찾는 유럽의 와인메이커들을 비롯한 미국 현지의 투자자나 젊은 세

외국인 소유 캘리포니아 와인회사

2000년 당시 캘리포니아 와이너리 중 45개가 외국인 소유로 대표적인 예를 든다면,

- **바롱 필립 드 로트칠드(Baron Philippe de Rothschild)** : 로버트 몬다비와 함께 나파에서 오퍼스 원(Opus One)을 생산한다.

- **페트뤼스(Petrus)** : 나파에 도미너스(Dominus)를 설립하여 보르도 스타일의 와인을 만든다.

- **코도르니우(Codorniu)** : 나파에서 '코도르니우 나파(Codorniu Napa)'라는 스파클링 와인을 만든다.

캘리포니아 와인의 상표

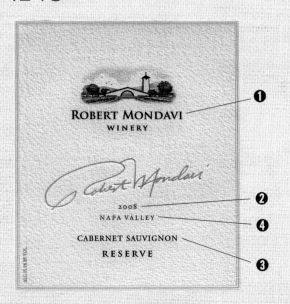

① 생산자와인명칭 : Robert Mondavi Winery

② 상표에 수확년도(Vintage)가 표시되어 있으면, 그 해에 수확한 포도를 95% 이상 사용해야 한다. 위 경우는 2011년이다.

③ 상표에 포도 품종이 표시되어 있으면, 그 품종이 반드시 75% 이상 들어 있어야 한다. 단 1983년 이전에 생산된 것은 51% 이상이면 된다. 위 경우는 카베르네 소비뇽이다.

④ 생산지역이 캘리포니아라고 쓰여 있으면 100% 캘리포니아 포도만 써야한다. 지역이 더 좁아지면, 위 경우와 같이 나파밸리(Napa Valley)라고 되어있으면, 85% 이상 들어있어야 한다. 이 와인은 나파밸리의 오크빌(Oakville)에서 나온 것이다.

Produced and bottled by ㅇㅇㅇ라고 되어있으면, 100% ㅇㅇㅇ회사에서 발효시키고 주병한 것이라야 한다. 경우에 따라 원료포도의 품종비율 혹은 당분함량 등을 표시할 수 있다.

※ 'Reserve'라고 써진 것은 법적인 구속력 없이 특별하다는 뜻을 나타내는데, 뜻도 회사별로 각각 다르다. 예를 들면 몬다비(Mondavi) 회사는 특별하게 블렌딩한 제품을 의미하고, 인글레눅(Inglenook) 회사는 오크통에서 숙성된 제품을, 그리고 루이 마티니(Louis Martini) 회사는 특별히 선별한 제품을 뜻한다.

제너릭 와인(Generic wine)과 버라이어탈 와인(Varietal wine)

품종을 쓰지 않고 스타일만을 표시한 와인을 제너릭 와인(Generic Wine)이라고 하고, 반면 75%이상 포함시켜 라벨에 품종을 기재할 수 있도록 한 고급 와인을 버라이어탈 와인(Varietal Wine)이라고 한다.

메리티지(Meritage)와인

한 와인업체가 생산하는 와인 중 최고품이어야 하는 와인으로 Metit + Heritage의 합성어로 미국에서 보르도스타일로 만든 레드 및 화이트와인을 말한다.

대들은 캘리포니아에서 기술제휴나 합작투자 등으로 새로운 와인을 만들어 보고, 실험을 하는 등 다양한 활동이 활발하게 전개되고 있다. 예를 들면 보르도의 특급와인으로 유명한 로트칠드(Château Mouton Rothschild)와 캘리포니아 몬다비 회사(Robert Mondavi)는 합작 투자하여 나파밸리에서 '오퍼스 원(Opus One)'이라는 제품을 내놓고 있다.

품종

- 카베르네 소비뇽(Cabernet Sauvignon) : 캘리포니아에서 가장 성공적인 레드 품종이다.

- 피노 누아(Pinot Noir) : 수많은 시행착오 끝에 재배되고 있다. 그래서 값도 비싼 편이다.

- 진펀델(Zinfandel) : 캘리포니아에서 가장 경이로운 품종이다.

- 메를로(Merlot) : 요즈음은 단일품종으로 많이 사용된다.

- 샤르도네(Chardonnay) : 캘리포니아에서도 가장 성공한 화이트 품종이다.

- 소비뇽 블랑(Sauvignon Blanc) : 일명 퓌메 블랑(FuméBlanc)이라고 한다.

오리건(Oregon) 와인

강우량이 많고(1,000㎜) 일조량이 풍부하지 않은 불리한 포도재배 지역으로 1970년부터 젊은 와인메이커들이 유입되면서 적합한 클론을 선택하고 재배방법을 개선한 결과 피노 누아를 성공적으로 재배하여 피노 누아 붐이 일기 시작하였다.

리슬링, 게뷔르츠트라미너도 인정받고 있으며, 상표에 품종을 표시하면 그 품종을 90% 이상(카베르네 소비뇽은 75%) 넣어야 하며, 빈티지는 그 빈티지를 95% 이상, 산지명은 그 산지의 것을 100% 넣어야 한다.

워싱턴(Washington) 와인

미국 서부 가장 북쪽의 시원한 곳으로서 리슬링, 게뷔르츠트라미너, 샤르도네 등을 주로 재배했으나, 1990년대부터 카베르네 소비뇽, 메를로 등 고전적인 품종으로 이름이 알려진 곳이다. 1860년대 이탈리아, 독일 이민자들이 와인을 만들기 시작하였지만 본격적인 산업은 1960년부터 시작되어 급속한 성장을 하고 있다.

뉴욕(New York) 와인

이곳의 포도밭 면적은 캘리포니아의 1/10 수준이지만, 초기 미국와인의 역사를 살펴볼 수 있는 중요한 곳이다. 미국에서 가장 오래된 와이너리, 부라더후드(Brotherhood 1839년 설립)도 여기에 있다.

1950년대부터 러시아 출신 콘스탄틴 프랑크(Konstantin Frank) 박사가 러시아의 포도 '아르카트시텔리(Rkatsiteli)'를 가져오는 것을 계기로 유럽 종 재배에 성공하며 미국 동북부 지역 와인의 품질을 세계적 수준으로 끌어올리는데 큰 공헌을 했다.

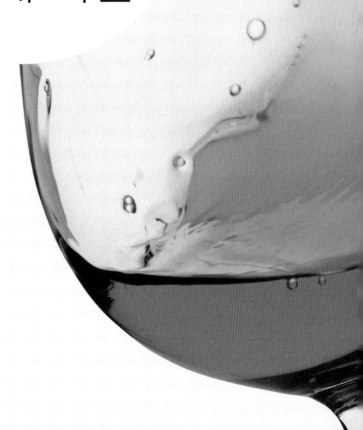

Chapter

11

기타
신세계 와인

기타 신세계 와인

오스트레일리아 와인

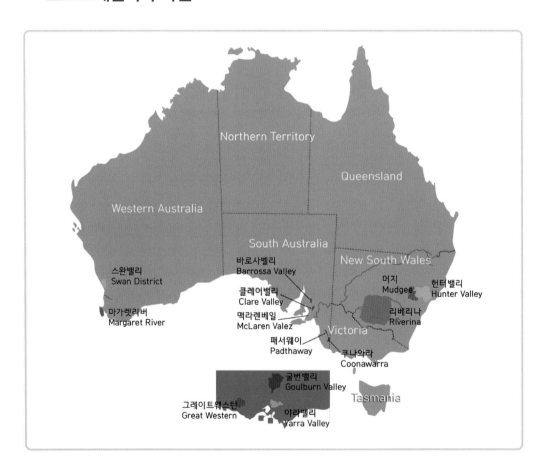

1800년대 유럽에서 온 정착민들은 남부 오스트레일리아 전역에 걸쳐 영역을 넓혀 가면서 포도를 재배하기 시작하였으며, 실질적인 생산은 1820-30년대부터 유럽 종 포도를 도입하여 뉴사우스웨일스의 헌터 밸리에서 본격적으로 시작되었다.

1900년도 초부터 와인 산업이 침체기에 들어섰다가 1950-1960년대부터 프랑스, 독일, 이탈리아, 스페인에서 이민자가 들어오면서 유럽의 와인기술이 도입되어 강화와인에서 테이블 와인 위주로 발전하고, 최근에는 포도재배와 양조에 대한 연구와 더불어 고급 와인 위주로 발전하고 있다. 세계 6위 와인 생산국이며, 와인 수출은 프랑스, 스페인, 이탈리아에 이어서 세계 4위로 수출 주도형 와인산업으로 발전하고 있다.

포도밭은 주로 사우스오스트레일리아, 웨스턴오스트레일리아, 뉴사우스웨일스, 빅토리아에 있으며, 와인용 뿐 아니라 식용과 건포도용도 많다. 필록세라 때문에 방역선을 조성하여 새로운 품종 도입이 늦어졌지만, 다양한 타입의 와인을 만들고 있다.

쉬라즈는 프랑스 론(Rhone)의 쉬라(Syrah) 품종에서 파생된 것으로 오스트레일리아에서는 카베르네 소비뇽과 더불어 레드 와인 품종의 양대 산맥을 이루고 있으며, 오스트레일리아의 카베르네 소비뇽과 쉬라즈는 서로 혼합되거나 다른 품종과 결합되어 독특한 맛을 창출해 내고 있다. 쉬라즈는 사우스오스트레일리아의 바로사 밸리와 빅토리아의 히스코트가 유명하며, 카베르네 소비뇽은 사우스오스트레일리아의 쿠나와라, 웨스턴오스트레일리아의 마가렛 리버 것이 최고로 인정받고 있다. 특히, 펜폴즈(Penfolds)의 맥스 슈버트가 개발한 '그레인지(Grange)'와인의 명성은 세계적이다.

맥나렌지역 투핸즈   맥라렌지역 다랜버그와인   바로사밸리 그랜 버지

포도 품종

- 쉬라즈(Shiraz) : 오스트레일리아의 주 품종으로 전체 생산량의 20%를 차지한다.
- 카베르네 쇼비뇽(Cabernet Shuvignon)
- 샤르도네(Chardonnay)
- 세미용(Semillon) 등

주요 생산지역

빅토리아

오스트레일리아의 남동부 멜버른 근처에 위치한 오랜 전통을 지닌 와인 지역이다.

- 그레이트 웨스턴(Great Westem)
- 야라 벨리(Yarra Valley)
- 굴번 벨리(Goulbun Vally)
- 노스이스트 빅토리아(Northeast Victoria)

뉴사우스웨일스(New South Wales)

위도 30-35도 사이 시드니 가까운 곳에 위치한다.

- 헌터 밸리(the Hunter Valley)
- 머지(Mudgee)
- 리베리나(Riverina)

남부 오스트레일리아(South Australia)

와인 중심지인 아들레이드는 호주 와인의 60%가 생산되는 곳이다.

- 바로사 밸리(Barossa Valley)
- 클레어 밸리(Clare Valley)
- 맥라렌 베일(McLaren Vale)
- 쿠나와라(Coonawarra)
- 패서웨이(Padthaway)

서부 오스트레일리아(Western Australia)

- 스완 밸리(Swan Valley)
- 마가렛 리버(Margaret River)

타스마니아(Tasmania)

가장 추운 곳으로 최근 스파클링 와인이 유명하다.

퀸스랜드(Queensland)

더운 곳으로 색깔 짙은 레드와인을 생산한다.

뉴질랜드 와인

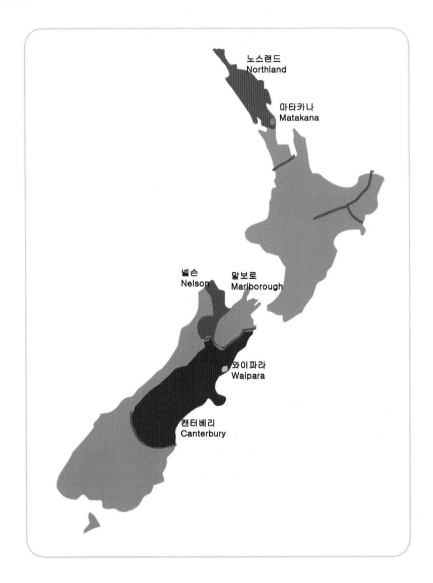

1980년대 중반까지 자가 수요로서 만족하는 정도의 와인 생산국이었으나, 최근에 재능 있고 교육을 제대로 받은 와인메이커가 혁신적인 방법으로 와인산업을 일으켜, 1988년 100여 개에 불과하던 와이너리가 2006년에는 500개 가까이 되었으며, 1986년 정부에서 주관하여 신품종을 들여오고, 생산량도 급격하게 늘어나고 있다. 특히 말보로

(Marlborough) 지방에서 나오는 소비뇽 블랑은 이 나라의 대표적인 품종이 되었으며, 샤르도네, 리슬링 등 화이트와인 비율이 75%이며, 레드와인은 피노 누아로서 급속하게 확산되고 있다. 신세계 와인 생산국 중에서 가장 역사가 짧지만, 소비뇽 블랑과 피노 누아로 급격하게 주목을 받고 있는 곳이라고 할 수 있다.

포도 품종

- 쇼비뇽 블랑(Shuvignon Blanc)
- 피노 누아(Pinot Noir)
- 샤르도네(Chardonnay) 등

생산지역

북섬

비가 많고 토양이 비옥해서 수확량을 제한해야 한다.

- 노스랜드(Northland)
- 마타카나(Matakana)
- 노스웨스트 오클랜드(Northwest Auckland) 등

말보로우 쇼비뇽블랑와인 (1)

말보로우 쇼비뇽블랑와인 (2)

말보로우 피노누아와인

남섬

- 말보로(Marborouh) : 뉴질랜드에서 가장 넓고 쇼비뇽 블랑으로 유명한 산지.
- 넬슨(Nelson)
- 캔터베리(Canterbury)
- 와이파라(Waipara)등

남아프리카공화국(Republic of South Africa) 와인

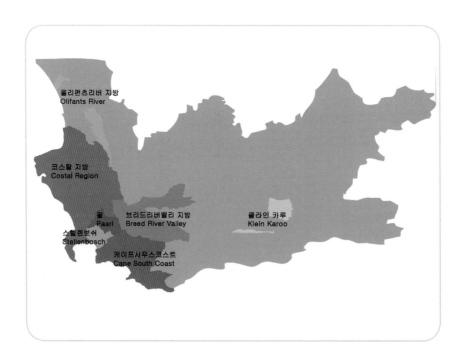

남아프리카에는 1652년부터 유럽인이 정착하기 시작하여, 네덜란드 동인도 회사가 자국인의 항해를 위한 식량공급, 선박 수리소 역할을 하기 위한 기지로, 1655년 지중해성 기후인 케이프에 포도밭을 조성하여 포도를 재배하고 와인을 만들었다. 그 후 1688년 프랑스에서 종교박해를 피해 위그노파가 도착하여 포도나무를 심고 와인을 만들면

서 산업화의 기틀을 마련했다. 후에 총독이 주도하여 포도나무 10만 주를 심었으며, 이어서 프랑스 사람들이 건너와 기술이전을 하면서 품질이 향상되었다.

이곳 와인은 유럽 와인과 비슷하지만 독특한 향미를 가지고 있다. 대부분 현대적인 방법으로 와인을 생산하는데, 탱크를 냉각시켜 낮은 온도에서 서서히 발효시켜 향 손실을 방지하는 제조방법 등으로, 날씨보다는 만드는 방법이 더 중요하다고 할 수 있다.

1973년부터 원산지 표시(WO)를 시행하고, 품종과 빈티지를 표시하기 시작했으며, 현재 80 %의 와인이 지정된 지역에서 나온다. 유명한 곳은 코스탈 지방(Coastal Region)의 팔 지역(Paarl District)과 스텔렌보쉬 지역 (Stellenbosch District)이다.

스텔렌보슈 케논코프

포도 품종

- 카베르네 쇼비뇽(Cabernet Shuvignon)
- 쉬라즈(Shiraz)
- 피노 타쥐(Pinotage) : 남아공을 대표하는 독자적인 품종

칠레 와인

칠레는 완전히 고립된 영토로서 서쪽으로 태평양, 동쪽으로 거대한 안데스 산맥, 북쪽은 아타카마 사막, 남쪽은 남극해로 싸여 있으며, 온화한 기후와 맑은 햇볕에 안데스 산맥의 눈 녹은 물로 관수가 가능하고 격리된 환경 덕분에 병충해 발생이 거의 없기 때문에 포도재배의 이상적인 조건을 갖춘 곳이라고 할 수 있다. 여기에 땅값이 싸고 노동력이 풍부하여 세계에서 가격 대비 가장 좋은 와인이 나오는 곳이다.

1980년대 후반부터 정치적, 경제적, 사회적 분위기가 안정을 되찾은 후에 국내외 활발한 투자에 힘입어 와인산업이 발전하기 시작하여, 10년도 안되어 칠레는 남아메리카의 보르도라고 할 만큼 급속한 성장을 이루었다.

값싼 이미지의 칠레 와인은 외국의 투자나 합작으로 새로운 고급 와인이 탄생하면서 고급 와인으로서도 인정을 받을 만큼 세계적인 와인으로 성장하였다. 예를 들면, 로버트 몬다비와 에라수리즈가 합작한 칼리테라(Caliterra)의 '세냐(Seña)'는 파격적인 가격을 받았으며, 샤토 무통 로트실드와 콘차 이 토로가 합작하여 만든 '알마비바(Almaviva)' 역시 높은 가격으로 이미지를 개선하였다. 현재 칠레는 세계 10위의 와인 생산량을 자랑하며, 생산량의 55%를 수출하는 세계 5위의 와인 수출 국가가 되었다.

마이포밸리 카르멘

유명한 지역은 센트랄 밸리(Central Valley)의 마이포 밸리(Maipo Valley), 카차포알(Cachapoal), 콜차과(Colchagua), 쿠리코 밸리(CuricóValley), 마울레 밸리(Maule Valley) 등을 들 수 있다.

포도 품종

- 카베르네 쇼비뇽(Cabernet Shuvignon)
- 카르미네르(Carmenere)
- 쉬라(Syrah)
- 쇼비뇽 블랑(Shuvignon Blanc)
- 샤르도네(Chardonnay) 등

주요 산지

- 코킴보(Coquimbo)
- 아콩카과(Aconcagua)
- 센트랄밸리(Centeral vally)
- 마이포밸리(Maipo Vally)
- 카차포알(Cachapoal)
- 콜차과(Colchagua)
- 쿠리코밸리(Curico Vally)
- 마울레밸리(Maule Vally)

아르헨티나 와인

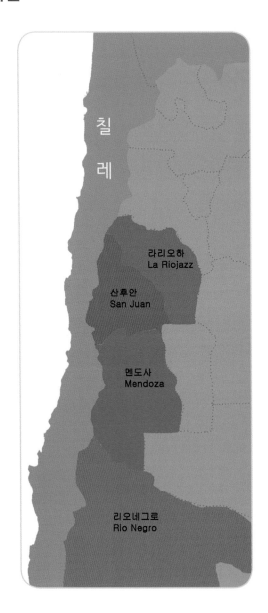

아르헨티나는 남미 대륙에서 와인 생산량이 가장 많고, 생산량에서 세계 5위를 자랑하지만 그 동안 와인을 수출하지 않고 내수용으로 사용하였다. 그리고 1인당 연간 와인 소비량도 40-50병(세계 6-7위 수준)으로 와인을 상당히 많이 마시는 나라라고 할 수 있

지만, 정치적인 불안과 경제적인 어려움으로 품질향상에 노력하지 않고, 값이 싼 와인을 대량 생산하여 내수용으로 소비하기 때문에 국제적인 인식이 아직은 좋지 않다.

그러나 1990년대에 이르러 정치적 안정과 함께 외국자본이 유입되면서 과학적으로 발전하고 있어서 '잠자는 거인'이라는 별명이 붙어 있을 정도로 세계에서 가장 전망이 좋은 와인산지로 인식이 바뀌면서 와인산업도 발전하고 있으며, 이웃에 있는 칠레를 발전 모델로 삼아서 혁신적인 변화를 도모하며 프랑스나 미국 전문가들을 고용하여 아르헨티나 와인 현대화에 힘쓰고 있다. 예를 들면, 트라피체(Trapiche)사는 보르도의 와인 전문가 미셸 롤랑(Michel Rolland)을 초청하여 말벡과 메를로를 블렌딩한 이스카이(Iscay)를 비싼 값으로 출시하면서 아르헨티나 와인의 변화를 주도하고 있다.

현재 아르헨티나에는 1,500개 가까운 와이너리가 있으며, 두 개의 대형 회사가 와인산업을 주도하고 있다. '페냐플로르(Peñaflor)'는 아르헨티나 기본급 테이블 와인의 40 %를 생산하면서 여러 명칭으로 캐스크(종이상자)에 넣어서 판매하고 있으며, 고급 와인으로는 트라피체(Trapiche)를 가지고 있다. 또 하나인 '에스메랄다(Esmeralda)'는 고급 와인에 초점을 맞추어 가장 혁신적인 방법으로 와인을 만드는 '카테나(Catena)'를 가지고 있다. 이와 같이 아르헨티나 와인산업은 포도재배와 양조기술의 현대화를 추진하고 국제적인 품종을 도입하면서 점차적으로 발전하고 있다.

포도 품종

- 말베크(Malbec)
- 카베르네 쇼비뇽(Cabernet Shuvignon)
- 시라(Syrah)
- 쇼비뇽 블랑(Shuvignon Blanc)
- 샤르도네(Chardonnay)
- 슈냉 블랑(Chenin Blanc) 등

주요 산지

- 멘도사(Mendoza)
- 산 후안(San Juan)
- 리오 네그로(Rio Negro)
- 라 리오하(La Rioja)

캐나다 와인

캐나다의 와인양조는 1860년대부터 브리티시컬럼비아의 오카나간에서 미사용으로 시작되었고, 그 동안은 미국 종 포도나 교잡종을 사용하여 자체 소비에 만족하는 정도였으나, 최근에 수많은 시행착오를 거쳐 유럽 종 포도도 재배하여 신선하고 상쾌한 화이트와인을 만들기 시작하였다. 품종은 리슬링, 피노 그리, 샤르도네 등 유럽종과 비달 블랑 등 프랑스계 잡종 그리고 토종 품종도 사용하고 있다.

주목할 만한 것은 아이스와인으로 세계 제일을 목표로 꾸준히 성장하여, 최근 이니스킬린(Inniskillin) 아이스 와인은 세계적인 명품으로 자리 잡아가고 있으며, 특히 나이아가라 폭포의 관광객을 대상으로 그 명성과 생산량을 자랑하고 있다. 리슬링이나 비달 블랑을 영하 8도에서 당도 35% 이상일 때 수확하여 장기간 발효시켜 만들며 매년 꾸준한 생산이 가능하며 높은 산도로 신선한 맛을 자랑한다. 그 외 보트리티스 곰팡이 낀 포도로 만든 스위트 와인도 유명하다.

포도 품종

- 비달(Vidal)
- 세이블 블랑(Seyval Blanc)
- 리슬링(Risling) 등

Chapter

12

와인 서비스

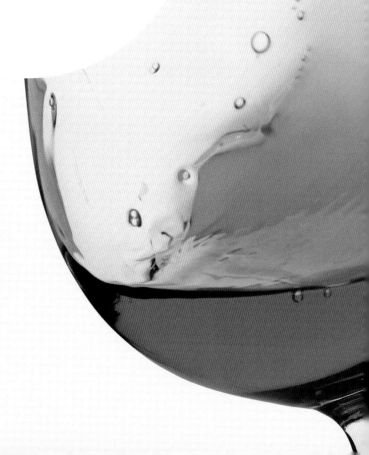

와인 서비스

소믈리에

소믈리에(Sommelier) 자세

프랑스어로 소믈리에(Sommelier)는 영어로 와인 웨이터를 지칭한다. 이 사람은 모든 와인에 대해서 알고 있어야 하며, 그 음식점의 와인 저장고(Cellar)와 모든 음료수에 대해서 책임을 지며, 나아가서는 와인의 세일즈맨이 되어야 한다. 식사주문 시 그 음식을 알고, 바로 와인을 추천하거나 와인 리스트를 소개할 수 있어야 하며, 단골손님의 취향을 파악하고, 주인과 와인에 대해서 의견을 교환할 수 있어야 한다. 그리고 손님의 즐거운 식사를 위해서 돕는 일이 우선이라는 점을 항상 인식하고 있어야 한다.

소믈리에의 개인 위생 상태

소믈리에가 준비해야 할 용모·복장에서 중요하게 여겨야 할 것이 위생이다. 항상 깨끗하고 청결하게 유지하는 것이 중요하며, 특히 손을 많이 사용하는 전문인인 만큼 손 관리와 손톱 청결이 중요하다. 흡연을 하는 경우 규칙적인 양치습관이 필요하며, 깨끗하게 손을 씻고 가글로 냄새를 제거하는 것도 게을리 해서는 안 된다. 되도록 근무 시에는 금연하는 것이 좋다. 소믈리에로서 품위와 기품이 나타나도록 해야 하며, 외적인 모습뿐만 아니라 내적인 마음가짐이나 태도도 갖추어야 한다.

와인서비스 용모 · 복장

흰색 와이셔츠에 검은색 상하의 조끼, 넥타이와 앞치마,
조끼 주머니에는 항상 성냥과 코르크 스크류 휴대

와인서비스

와인 준비, 파지 및 설명

고객이 주문한 와인을 셀러에서 꺼낸 즉시, 주문한 와인과 맞는지 빈티지와 라벨을 확인하고, 와인 바스켓에 넣어서 준비한다. 와인 바스켓이 없을시 최대한 두 손으로 파지하고서 흔들림 없이 이동한다.

고객의 왼쪽에서 와인 바스켓에 넣어 있는 채로 라벨이 보이도록 고객에게 주문한 와인을 확인한다. 주문한 와인의 와인명, 빈티지, 품종, 와인산지, 제조업체, 음식과의 조화 등을 설명한다. 화이트 와인은 아이스 바스켓에 넣어서 서비스하고, 레드와인은 바스켓에 넣어서 서비스한다.

와인의 주문

와인을 주문할 때는 먼저 와인에 관한 여러 가지 정보가 들어 있는 와인 리스트를 완전히 살펴봐야 한다. 즉 와인의 생산지, 명칭, 타입, 빈티지와 가능하면 메이커의 명칭이 들어있으면 더욱 좋다. 예를 들면, 'CHAMBOLE-MUSIGNY'라고 되어 있으면 불완전하며 'CHAMBOLE-MUSIGNY, Domaine Groffier, 2001' 정도는 되어야 한다.

서빙 적정온도

- **보르도, 부르고뉴, 바롤로, 론, 키안티 와인지역의 레드와인** : 16~18℃, 무겁고 중후한 맛이 나는 레드와인
- **보졸레, 부르고뉴 화이트와인, 알자스 와인** : 13~15℃, 중간 정도의 무겁고 중후한 맛이 나는 레드 및 화이트와인
- **뮈스카데, 리슬링, 타벨, 앙주** : 10~13℃, 가벼운 맛의 화이트와인과 로제와인
- **샴페인 및 기타 스파클링 와인** : 6~8℃

마시기 직전 온도 맞추기

냉각시키는 가장 간단하고 쉬운 방법은 얼음과 물이 섞인 통에 와인을 병째로 담그는 것이다. 이 쿨러(아이스 바스켓)는 식사가 진행되는 약 2~3시간 동안은 계속적으로 와인의 온도를 알맞게 유지시키는 역할을 한다.

와인 실온화하기(샹브레) 대상이 되는 와인은 주로 장기 보관용 레드와인으로 보르도나 부르고뉴 스타일처럼 짜임새 있는 와인이다. 이런 와인을 차게 해서 마시면 타닌이 강하게 느껴지며 제 향이 우러나오지 않는다. 반면, 화이트와인은 차게 해서 마시는 것이 좋은데, 이는 온도가 높을수록 신맛이 덜 느껴지기 때문이다.

또한 탄산가스는 온도가 높을수록 빠르게 날아가 버리므로 샹파뉴 및 스파클링와인은 탄산가스가 지속적으로 느껴지도록 차갑게 서빙하는 것이 바람직하다.

Domaine Grogffier는 메이커로서 중간 제조업자(Négociant)가 아니고 직접 포도를 재배하고 와인을 제조하는 메이커이다. 만일 이러한 정보가 없다면 웨이터에게 물어보고, 모르고 있다면 병을 가져오게 해도 좋으며, 만약 소믈리에나 웨이터가 제안한 와인을 원한다면 그대로 주문하고, 특별히 찾는 와인이 있으면 와인 종류나 스타일 등을 이야기하거나, 가격위주로 얼마 정도를 원하는지 주문해도 잘못될 것은 없다. 만약 주문한 와인이 리스트에 없으면 웨이터나 소믈리에는 그에 상응한 대체 와인을 추천할 수 있어야 한다.

코르크 개봉(Corking) 및 따르기(Pouring, Serving)

스틸와인(Still Wine)의 개봉(open)

- 코르크스크루 칼을 이용하여 캡슐의 와인병목 아래쪽을 깨끗하게 도려낸다.
- 코르크스크루 끝을 코르크의 정중앙에 대고 조심스럽게 돌린다. 이때 스크루가 한 바퀴 정도 남을 정도로 코르크마개를 관통하면 적당하다.

① 와인 상단 호일을 제거한다.

② 코르크에 와인스크류
나선형 부분을 이용하여 오픈한다.

③ 코르크를 2단 거치대를 통해 뽑아내고, 마지막 open은 손으로 천천히 뽑아낸다.

- 코르크스크루의 지렛대 2곳을 이용하여 코르크를 조심스럽게 잡아당긴다.
- 코르크를 손에 쥐고 코르크스크루를 돌려 빼낸 후, 코르크마개 상태를 확인한다.
- 먼저 와인 주문자나 주빈에게 먼저 와인을 약간 따라 와인을 시음할 수 있도록 한다. 와인 시음자는 글라스를 들고 색깔과 향, 그리고 맛이 만족스러운지 시음한 후 다른 손님의 글라스에 와인을 따르도록 허락한다.
- 순서를 정한다면, 시계 방향으로 와인을 따르는데, 여자 손님의 글라스를 먼저 채우고, 다시 반대방향으로 돌면서 남자 손님의 글라스에 따른다.
- 따르는 높이는 글라스의 가장 넓은 부분에 못 미치도록 따르는 것이 바람직한데, 이는 마시기 전 와인 잔을 흔들어 돌려도 넘치지 않도록 하기 위함이다. 그리고 따르고 난 후 병을 들어 올릴 때는 병을 살짝 오른쪽 방향으로 비틀어서 와인이 식탁에 떨어지지 않도록 해야 한다.

스파클링 와인(Sparkling Wine)의 개봉(Open)

① 호일을 손으로 제거한다.

② 코르크마개의 철사 열개를 푼다.

③ 바깥쪽으로 45도 기울인 후 코르크를 천천히 돌리면서 병안쪽의 압축가스를 뺀다.

④ 코르크를 오픈한다.

⑤ 와인을 따를 때는 거품이 너무 나지 않도록 천천히 흘리면서 잔을 채운다.

와인서비스 도구

와인오픈 도구

호일커터(Foil Cutter)

코르크 스크류(Cork Screw)

래빗 코르크 스크류
(Rabbit Cork Screw)

코르크 리트리버(Cork Retriever)

디캔터(Decanter)

와인 버스켓(Wine Basket)

푸어링 스포트(Pouring Spout)

노 드립 콜라(No Drip Collar)

칠러(Chiller) 또는
아이스 버킷(Ice Bucket)

와인보관 도구

와인랙(Wine Rack)

버큠 세이버(Vacuum Saver)

와인 스토퍼(Wine Stopper)

와인셀러(Wine Cellar)

디캔팅

디캔팅이란

디캔팅은 와인을 마시기 직전 침전물을 와인에서 분리시키는 작업을 의미한다. 6-7년 이상 묵힌 레드 와인은 병 안에 붉은 색소와 타닌 등 자연 침전물이 끼어있을 수 있다. 이런 찌꺼기가 와인 속에 섞여 있으면 좋지 않은 맛을 내기 때문에 와인의 상태에 따라 디캔팅을 하는 것이 좋다.

다양한 형태의 디캔터

디캔팅 언제?

와인의 숙성도에 따라 다르지만, 일반적으로 서비스하기 약 30분 전에 하는 것이 좋다. 와인 부케가 서서히 형성되므로 도중 아주 가벼운 공기와의 접촉에도 섬세하고 날아가기 쉬운 아로마는 금방 약화될 수가 있기 때문에 향의 보존을 위해 식사 직전에 디캔팅한다.

디캔팅은 어떻게 할까?

1. 먼저 병을 흔들지 않으면서 코르크 마개를 딴다.
2. 디캔터에 와인을 조금 흘려 넣은 뒤 헹구어서 술 냄새가 배이도록 한다.
3. 그 다음 한 손에는 병을 들고 와인을 디캔터의 내부 벽을 타고 흘러내리도록 하면서 조심스럽게 옮겨 담는다.
4. 촛불을 켜서 병목 반대편 아래쪽에 놓아두면 찌꺼기가 병목 쪽으로 흘러들어 오는 것을 쉽게 발견할 수가 있다. 찌꺼기가 디캔터 안으로 흘러 들어가지 않도록 한다.

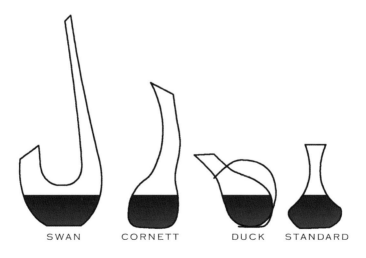

SWAN   CORNETT   DUCK   STANDARD

디캔터의 다양한 종류

디켄팅 순서

① 디켄팅 준비(촛불 점화하기)

② 디켄팅 쇼잉준비 I
(와인 디켄터에 넣기)

③ 디켄팅 쇼잉준비 II (향베기)

④ 디켄팅 쇼잉준비 II (따라내기)

⑤ 디켄팅 쇼잉준비 III (디켄팅 시작)

와인병 보관

유럽의 가정에서는 아이가 태어나면 그 해에 생산된 와인을 몇 상자씩 구입해 보관하는 전통이 있다. 지하 저장고나 장기간 저장이 가능한 곳에 잘 보관한 이 와인들은 아이가 성인이 된 해나 결혼식 등의 축일에 개봉된다. 이 경우 물론 와인은 오래 숙성시켜 특유의 향과 맛을 즐길 수 있는  최고급 품질이어야 하겠지만. 정석대로 따르자면 와인은 뉘여서 코르크 마개가 젖어 있도록 보관하며, 통풍이 잘 되고 청결한 곳에서 14℃ 정도의 온도와 80% 정도의 습도가 항상 유지되는 지하 저장고 같은 곳이 보관하는 것이 이상적이다. 햇빛이 들거나 온도 변화 및 진동이 많거나 습한 장소는 피해야 한다.

일반 가정의 경우 지하 저장고를 대체할 만한 것이 바로 와인 냉장고이다. 최근 냉장고들은 와인의 종류에 따라 보관온도가 달라지는 멀티 온도계 시스템을 이용하거나 간단한 치즈와 햄을 보관할 수 있는 장소 등 사용하기 편리한 제품들이 시중에 많이 나와 있다. 보관 시설이 없다면 와인을 구매할 때는 장기 보관을 염두에 두지 말고, 적당량을 구입하여 소비하는 것이 가장 이상적이다.

남은 와인 보관

와인은 일단 개봉되어 공기와 접촉하면 당장 산화가 진행돼 변질되는 것으로 알고 있는데, 이는 조금 잘못된 인식이다. 물론 한 번에 다 비우는 것이 가장 이상적이겠지만 설사 조금 남더라도 며칠 안에 마실 경우는 크게 걱정할 필요가 없다. 물론 개봉 후 오래되면 산화라는 화학적 변화에 의해 와인의 향과 맛이 변한다. 와인은 공기와 접촉하면 산화가 진행되므로 가능한 공기에 노출되는 부분을 적게 하는 것이 필요하다. 그러므로 마시다 남은 와인을 깨끗하게 씻어 물기를 제거한 작은 병에 옮겨서 병목부분까지 따른 후 견고한 마개를 해 섭씨 5~6도의 냉장고에 넣어두는 것이 좋은 방법이다. 이것이 번거로울 경우에는 그냥 와인 병에 코르크 마개를 다시 막은 채 냉장고에 보관해도 괜찮다. 와인이 담긴 병을 눕혀서 보관하는 것도 좋으나 기간이 길지 않기 때문에 세워 두는 것도 무방하다.

지하 저장고(CAVE, 캬브)

와인을 보관하기에 가장 좋은 장소는 지하 캬브이다. 프랑스의 유명 샤토를 비롯한 대부분의 와이너리들은 훌륭한 캬브 시설을 갖추고 있다.

프랑스, 독일 등 구대륙의 와이너리는 오래된 성의 지하창고가 바로 캬브이다. 어떤 곳은 캬브 그 자체만으로도 구경거리를 제공할 만큼 아름답게 꾸며진 곳도 있다.

그렇다면 캬브가 되기 위해선 어떤 조건이 갖춰져야 할까?

좋은 캬브란 와인을 적합한 조건에서 보존시키는 것 뿐 아니라 숙성시키는 장소를 의미한다. 캬브에서 오래 동안 숙성된 와인은 전보다 훨씬 더 뛰어난 맛과 향을 지니게 된다.

캬브의 조건을 살펴보면,

① 어두워야 한다. 어둠은 와인의 조화로운 장기 숙성에 필요하다.

② 지하창고의 이상적 온도는 11℃이나 14℃까지이다. 또한, 가능한 한 지하 창고를 북쪽으로 향하게 해서 햇볕에 의한 온도변화를 막아야 한다. 기온변화와 같은 물리적인 충격은 와인에 좋지 않다.

③ 습도를 일정하게 유지하고 급격한 습도 변화가 초래하는 해로운 결과를 막기 위해서, 저장실의 바닥을 콘크리트나 타일 등 인공적인 물질로 처리하는 것을 피하고 작은 자갈이나 잘게 부순 돌, 혹은 고운 기와조각으로 채운 공간들을 마련하는 것이 좋다.

④ 악취가 없는 곳이어야 한다.

⑤ 각각의 와인에 대한 정보를 기입하는 간단한 장부를 마련하여 다음 항을 기록하면 편리하다. - 와인의 원산지 명칭, 양조연도, 생산자 명, 혹은 공급 도매상 명, 창고 입고날, 정기검사 및 시음 때의 평가, 재고 병 수 등

이런 조건이 갖춰진 캬브에서 오랫동안 보관된 와인들이 명품이라고 부를만한 고급 와인으로 탄생하는 것이다.

와인글라스

와인글라스는 튤립 꽃 모양의 것에 비교적 긴 손잡이가 달린 것이 보편적이다. 그리고 위로 올라갈수록 좁아지는 이유는 와인의 향기가 밖으로 나가지 않고 글라스 안에서 돌도록 배려한 것이다. 그리고 와인의 색깔을 즐기기 위해서는 글라스가 무색투명해야 하며 그 두께는 얇을수록 좋다. 예쁜 색깔을 넣은 글라스나 아름다운 무늬를 넣은 것이 이와 같은 이유로 바람직한 것은 못된다.

와인글라스 거치대

글라스 모양을 엄격하게 따지는 사람은 같은 레드와인이라도 보르도와 부르고뉴의 것을 구분하여 글라스를 선택하고, 독일와인을 마실 때는 독일 고유의 손잡이가 굵은 글라스를 사용하는 등 그 와인 생산지의 전통적인 글라스를 사용하려고 한다. 일반와인이 아닌 샴페인이나 코냑 등은 그 목적에 맞는 특수한 형태의 글라스를 사용하는 것이 옳지만, 식사 때 사용하는 테이블 와인은 유리로 된 보통 글라스면 충분하다. 값비싼 명품 글라스가 와인의 맛을 더 맛있게 만드는 것은 아니다.

연회 시 와인글라스 세팅 예

글라스 취급요령

① 글라스를 손으로 취급할 때

② 글라스를 트레이로 운반할 때

③ 글라스를 랙으로 운반할 때

와인글라스 세팅하는 법

① 주문한 와인은 고객의 수만큼 준비한다.

② 레드와인, 화이트와인, 샴페인 등 종류에 따라 다르므로 성격에 맞는 글라스를 준비한다.

③ 세팅하기 전 테이블의 위생상태를 점검한다.

④ 세팅하기 전 와인글라스의 위생상태를 한 번 더 점검한다.

⑤ 와인글라스는 고객의 오른쪽 위쪽방향으로 세팅한다.

⑥ 글라스세팅은 아래 그림 순으로 세팅한다.

⑦ 세팅은 글라스의 스템(stem)부분을 잡으며, 지문이 림(Rim)이나 볼(Bowl)에 묻지 않아야 한다.

와인 시음(테이스팅)

시각적인 관찰

색과 투명도

와인을 글라스에 따랐을 때 가장 먼저 체크해야 할 것은 와인의 컬러와 투명도이다. 뒷 배경을 하얀색(흰색 종이나 테이블 보)으로 두고 글라스를 비쳐본다. 와인에 따라 각기 다른 색과 투명도를 나타낼 것이다.

화이트와인의 경우 컬러가 옅은 짚단 색에서부터 연초록을 띠는 황금색에 이르기까지 와인마다 다른 색을 관찰할 수 있다.

시각적 색 관찰

레드 와인이라면 짙은 루비색에서부터 어두운 체리, 보랏빛 등을 볼 수 있다. 또한 시간이 지날수록 레드 와인은 색깔이 옅어지고 화이트는 반대로 진해진다.

숙성에 따른 색상 변화

- 레드와인 : 짙은 자주색(유년기) → 루비색 → 붉은색 → 붉은 벽돌색 → 적갈색 → 갈색

- 화이트와인 : 엷은 노란색 → 연초록빛을 띤 노란색 → 볏짚색 → 짙은 노란색 → 황금색 → 호박색 → 갈색

와인의 눈물

성상, 색깔의 농도 등을 살펴보고, 혼탁이 생기거나 색깔이 정상이 아니면 조심스럽게 판단해야 한다. 색깔로서 어느 정도 맛과 숙성도 등을 유추할 수 있어야 하므로, 시각은 와인감정의 준비과정이라 할 수 있다. 색과 투명도를 관찰했다면 이번엔 와인글라스를 돌려본다.

글라스를 돌린 것을 멈춘 후에도 와인이 글라스의 내벽 쪽으로 흘러내리는 것을 볼 수 있다. 이것을 와인의 눈물 혹은 와인의 다리라고 표현하는데, 알코올 함량이 높은 와인일수록 이 현상이 잘 나타난다.

후각적인 관찰

와인의 향기는 와인의 생명과도 같아서 정확히 그 와인의 질을 나타낸다. 곰팡이가 생긴 통에 저장되었던 와인은 썩은 버섯 냄새가 나고, 와인 제조 시 아황산을 지나치게 첨가한 경우엔 썩은 양배추 냄새가 나기도 한다. 반면에 우아하고 좋은 냄새가 나는 것은 좋은 와인임을 나타낸다.

와인의 향은 수천 가지가 존재하지만 크게 두 가지로 나눌 수 있다. 원료 포도 자체에서 감지되는 향을 아로마(Aroma)라고 하고 발효나 숙성 과정에서 생기는 향을 부케(Bouquet)라고 한다. 아로마는 과일 향(Fruity), 꽃 향(Flower), 풀잎(Grassy) 등을 예로 들 수 있으며, 부케는 제조 과정 즉, 발효나 숙성 등의 와인 제조과정의 처리 방법에 따라 생겨지는 향을 말한다. 부케는 아로마보다 미묘해서 파악하기 힘들지만 와인 전체의 입맛을 결정하는 중요한 향이며, 일반적으로 화이트보다 레드와인에서 감지할 수 있는 향이다.

후각적 관찰

미각적인 관찰

와인을 한 모금 마시고 입안에서 굴리며 외부 공기를 살짝 들이 마시면 와인의 맛과 향을 좀 더 자세히 느낄 수 있다. 고급 와인일수록 더욱 풍부하고 복합적인 맛을 지니고 있기 때문에 맛과 향의 섬세하고 다양한 성분들을 느끼고 즐길 수 있다.

미각적 관찰

바디(Body)

와인을 입안에서 느낄 수 있는 무게감을 의미한다. 물을 마실 때와 우유를 마실 때의 입안에서 느껴지는 무게감이 확연히 다르듯이 와인의 바디감은 와인에 함유되어 있는 성분들의 농도에 따라 달리 느껴진다.

타닌(Tannin)

타닌은 떫게 느껴져 와인을 한 모금 머금었을 때 즉시 혀가 수축되는 느낌으로 포도 품종에 따라 다르게 느낄 수 있으며 양조 기술이나 숙성 정도에 따라서도 달라진다.

산도(Acidity)

산도가 부족하면 너무 밋밋하고 향이 오래 지속되지 못하며, 산도가 높으면 와인이

날카롭게 느껴져 적당한 산도는 와인의 전체적인 맛과 품질을 좌우하는 주요한 요인 중의 하나이다. 와인의 신맛을 주도하는 것은 주석산, 사과산, 젖산, 구연산 등이다.

알코올(Alcohol)

당성분이 이스트 작용으로 생성된 알코올은 와인의 향과 바디를 결정하는 중요한 요소이며, 와인을 마신 후의 뒷맛(Finish)으로도 한동안 남아 있는데, 여운이 오래갈수록 고급와인에 가깝다.

당분(Sweetness)

와인의 당분은 특히 화이트와인의 경우 중요하며, 일조량, 포도 품종에 따라서도 결정되지만 재배 기술, 발효 기술에 따라서도 달라진다. 주정강화와인의 경우 당을 일부러 첨가하기도 하지만 발효를 중단시켜 당분이 자연스럽게 남게 하기도 한다.

균형(Blance)

잘 만들어진 고급와인은 타닌, 산, 단맛 등이 적절하게 균형이 이루어진 와인을 의미한다. 유럽북부지대의 와인은 산이 너무 많아 당분이 부족하기 쉽고, 남부 더운 지역 와인은 알코올과 타닌이 너무 많고 산도가 낮은 경향이 있다.

시음환경

와인을 보다 더 즐겁게 마시기 위해서는 몇 가지를 배려하면 만족감을 더할 수 있다. 와인 종류에 따라 적절한 온도를 유지시켜 절차에 따라 오픈하고, 필요 시 디캔팅을 하고 알맞은 글라스를 선택하는 것 등을 고려하면 와인에서 최고의 맛을 끌어낼 수 있다.

와인서빙 순서는 영 와인을 올드 빈티지보다, 드라이 와인을 스위트 와인보다 먼저 서빙해야 한다.

드라이 화이트, 발포성 와인은 7~10도 사이에서, 강한 화이트와 스위트와인은 9~12도 사이에서 서빙한다. 영하고 가벼운 레드와인은 13~15도를 유지해주며, 파워풀하고 복합적인 와인은 15~17도에 서빙하는 것이 좋다.

와인 종류에 따른 다양한 서비스 방법

영 레드 와인 서비스(Young Red Wine Service)

① 고객이 주문한 레드 와인을 고객이 잘 볼 수 있도록 와인 라벨을 45도에서 60도 각도로 뉘인 후, 와인을 고객의 오른쪽 앞에서 오른 발을 반보 앞으로 하고 라벨을 고객의 정중앙에서 보여 준다.

② 생산국가, 생산지명, 포도품종, 제품명, 빈티지 순으로 설명한다. 이때, 두 손으로 설명하게 되는데 왼손에 접은 화이트 크로스 넵킨으로 레드 와인 병 밑 부분을 잡고, 오른손은 레드 와인 병 목과 어깨 사이 부분을 잡는다.

③ 와인 오픈 후 Sommelier Tasting Glass에 와인을 조금 따라서 시음 후, 이상 유무를 확인한다. 기억할 점은 반드시 고객의 동의를 구해서 진행해야 한다.

　※ 요즘은 현장에서 일반적으로 소믈리에 글라스 테이스팅은 생략하는 것이 일반적이다.(이하 모든 와인 종류 서비스에서 동일함)

④ 글라스에 1/10 정도 Host 먼저 화이트 와인을 Tasting 후 아무이상 없으면 와인 서브는 여성, 남성, 호스트 순으로 시계 도는 방향으로 서비스 한다.

⑤ 왼손은 가볍게 뒤쪽으로 두고, 발은 고객의 오른쪽으로 오른발을 반보 앞으로 내밀고서 서비스한다. 글라스에 와인은 3부 정도가 적당하며, 흘리지 않도록 글라스 안에서 와인을 가볍게 돌리면서 마무리 한다.

화이트 와인 서비스(White Wine Service)

① 고객이 주문한 화이트 와인을 Ice Bucket에 넣고 Water 1/3, Cube Ice 1/2 정도 채운 후 서비스 시점에서 준비된 White Cloth Napkin 을 사용하여 꺼내서 깨끗이 닦아낸다.

② 대략 45도-60도 각도로 뉘인 후, 라벨의 앞면이 보이도록 보여준다. 이때 와인의 라벨 이 고객의 정 중앙에 위치해 있어야 한다.

③ 생산국가, 생산지명, 포도품종, 제품명, 빈티지 순으로 설명한다.

④ 와인 오픈 후 Sommelier Tasting Glass에 와인을 조금 따라서 시음 후, 이상 유무를 확 인한다. 기억할 점은 반드시 고객의 동의를 구해서 진행해야 한다

⑤ 와인 라벨은 서브 전 반드시 Showing을 통해 구매자의 중요도를 알려주고, 글라스에 1/10 정도 Host 먼저 화이트 와인을 Tasting 후 아무이상 없으면 와인 서브는 여성, 남 성, 호스트 순으로 시계 도는 방향으로 서비스 한다.

⑥ 왼손은 가볍게 뒤쪽으로 두고, 발은 고객의 오른쪽으로 오른발을 반보 앞으로 내밀 고서 서비스한다. 글라스에 와인은 3부 정도가 적당하며, 흘리지 않도록 글라스 안에 서 와인을 가볍게 돌리면서 마무리 한다.

샴페인 서비스(Champagne Service)

① 고객이 주문한 샴페인을 Ice Bucket에 넣고 Water 1/3, Cube Ice 1/2 정도 채운 후 서비 스 시점에서 준비된 White Cloth Napkin 을 사용하여 꺼내서 깨끗이 닦아낸다.

② 대략 45도-60도 각도로 뉘인 후, 라벨의 앞면이 보이도록 보여준다. 이때 샴페인의 라 벨이 고객의 정 중앙에 위치해 있어야 한다.

③ 생산국가, 생산지명, 포도품종, 제품명, 빈티지 순으로 설명한다.

④ 와인 오픈 후 Sommelier Tasting Glass에 와인을 조금 따라서 시음 후, 이상 유무를 확 인한다. 기억할 점은 반드시 고객의 동의를 구해서 진행해야 한다.

⑤ 글라스에 1/10 정도 Host 먼저 샴페인 Tasting 후 아무이상 없으면 여성, 남성, 호스트 순으로 시간 도는 방향으로 서비스 한다. 이때 왼손은 가볍게 뒤쪽으로 두고, 발은

고객의 오른쪽으로 오른발을 반보 앞으로 내밀고서 서비스한다.

⑥ 샴페인은 다른 와인과 달리 기포가 있어서 처음 따랐을때는 거품이 많이 올라오므로 천천히 2-3번에 걸쳐서 넘치지 않게 따른다.

⑦ 샴페인 글라스에 7부 정도 채우면서 샴페인이 흘리지 않도록 샴페인 병을 가볍게 돌리면서 마무리 한다.

에이징 레드 와인 서비스(Aging Red Wine Service)

① Aging 와인은 서브시 침전물이 있을 수 있으므로 와인 바스켓에 조심스럽게 넣어서 라벨이 위로 향하도록 서브한다.

② 와인 바스켓에 든 와인을 고객의 오른쪽 앞에서 오른 발을 반보 앞으로 하고 라벨을 고객의 정 중앙으로 해서 와인을 보여주면서, 생산국가, 생산지명, 포도품종, 제품명, 빈티지 순으로 설명한다.

③ 와인 오픈 후 Sommelier Tasting Glass에 와인을 조금 따라서 시음 후, 이상 유무를 확인한다. 기억할 점은 반드시 고객의 동의를 구해서 진행해야 한다.

④ 글라스에 1/10 정도 Host 먼저 레드 와인을 Tasting 후 아무이상 없으면 와인 서브는 여성, 남성, 호스트 순으로 시계 도는 방향으로 서비스 한다.

⑤ 왼손은 가볍게 뒤쪽으로 두고, 발은 고객의 오른쪽으로 오른발을 반보 앞으로 내밀고서 서비스한다. 글라스에 와인은 3부 정도가 적당하며, 흘리지 않도록 글라스 안에서 와인을 가볍게 돌리면서 마무리 한다.

⑥ 혹시, 와인이 Aging으로 인한 침전물이 생겼을 경우 디켄터를 이용한 디켄팅 서비스를 해서 침전물을 걸러낸 후 서비스한다.

매그넘 와인 서비스(Magnum Wine Service)

① 매그넘 와인은 다른 와인의 2배 크므로 양손으로 운반하되 왼손은 와인의 바닥을

받치고 오른손은 와인의 어깨 부분을 잡고 이동한다.

② 고객이 주문한 매그넘 와인을 고객이 잘 볼 수 있도록 와인 라벨을 45도에서 60도 각도로 뉘인 후, 와인을 고객의 오른쪽 앞에서 오른 발을 반보 앞으로 하고 라벨을 고객의 정 중앙에서 보여 준다.

③ 생산국가, 생산지명, 포도품종, 제품명, 빈티지 순으로 설명한다.

④ 와인 오픈 후 Sommelier Tasting Glass에 와인을 조금 따라서 시음 후, 이상 유무를 확인한다. 기억할 점은 반드시 고객의 동의를 구해서 진행해야 한다.

⑤ 글라스에 1/10 정도 Host 먼저 레드 와인을 Tasting 후 아무이상 없으면 와인 서브는 여성, 남성, 호스트 순으로 시계 도는 방향으로 서비스 한다.

⑥ 와인 서브시 매그넘 사이즈이므로 오른손은 와인 병 아래부분을 잡고 왼손은 와인 병의 어깨 부분을 받친 후 고객의 오른쪽에서 오른 발을 반보 앞으로 해서 시계 방향으로 서비스 한다.

⑦ 글라스에 와인은 3부 정도가 적당하며, 흘리지 않도록 글라스 안에서 와인을 가볍게 돌리면서 마무리 한다. 와인이 일반 와인에 비해 무거우므로 항상 두손으로 천천히 서비스에 임한다.

디캔팅 서비스(Decanting Service)

① 와인을 와인 바스캣에 넣고 와인 라벨이 위로 향하도록 이동한다.

② 와인 바스캣에 든 와인을 고객의 오른쪽 앞에서 오른 발을 반보 앞으로 하고 라벨을 고객의 정 중앙으로 해서 와인을 보여주면서, 생산국가, 생산지명, 포도품종, 제품명, 빈티지 순으로 설명한다.

③ 성냥으로 조심스럽게 촛불을 켜 놓고, 바스켓에 있는 와인을 병 목이 서비스 하는 사람의 오른쪽으로 향하게 한다.

④ 와인 오픈 후 본인이 코르크의 상태를 확인하고 고객에게도 확인 시킨 후 Sommelier Tasting Glass에 와인을 조금 따라서 색과 향을 확인한다.

⑤ 고객에게 와인의 상태를 확인 시킨 후, 디캔팅 여부를 확인한다.

⑥ 디캔터를 들고 글라스의 와인을 디캔터에 부어 향베기를 한 후 다시 소믈리에 글라스에 부은 후 시음하여 이상 유무를 확인한다.

⑦ 와인을 디캔팅 하는 시작점에서 와인 병의 입구가 디캔터 입구 중앙에 오도록 하고 병 목이 촛불 위(10cm-15cm)에 위치해 있으며, 와인 침점물이 디캔터 안으로 들어가지 않도록 조심스럽게 따라야 한다.

⑧ 디캔팅 후 와인 병은 다시 바스켓에 넣고 고객 테이블에 놓는다.

⑨ 와인 서브는 여성, 남성, 호스트 순으로 시계 도는 방향으로 서비스 하고, 왼손은 가볍게 뒤쪽으로 두고, 발은 고객의 오른쪽으로 오른발을 반보 앞으로 내밀고서 서비스한다. 글라스에 와인은 3부 정도가 적당하며, 흘리지 않도록 글라스 안에서 디캔터를 가볍게 돌리면서 마무리 한다.

Chapter

13

와인과 음식의
조화

와인과 음식의 조화

Bordeaux Grand Cru
보르도 그랑크뤼
H 27cm/C 860ml

좋은 와인과 그에 어울리는 음식을 즐길 수 있다는 것은 인생의 큰 즐거움이라고 할 수 있다. 와인의 본 고장인 유럽에서는 와인이 일종의 국물음식으로 취급되며 다양한 요리에 그에 어우러지는 와인을 곁들이는 것이 일상화되어 있다.

와인은 테루아르에 따라 맛과 향의 차이가 분명하며 또한 와인 제조방법에 따라서도 다양한 특성의 와인이 만들어지듯 음식 또한 전문가의 솜씨로 만들어진 음식이라 하더라도 만드는 주방장의 손맛에 따라 차별화된 요리로 완성된다.

와인과 그에 잘 조화되는 음식을 찾아내는 것은 예정된 원칙이 있는 것이 아니고 시간과 장소에 따라서 그리고 각 지역의 식생활 습관이나 문화적, 경제적 환경에 따라 달라질 수 있다는 면에서, 와인과 음식의 조화는 이를 준비하는 사람이나 즐기는 사람에 있어 전문성이 요구되는 과제이기도 하며 흥미진진함으로 이어지는 생활 중의 묘미이기도 하다.

Burgundy Grand Cru
버건디 그랑크뤼
H 24cm/C 1,050ml

마리아주 규칙은 없다

와인 평론가인 젠시스 로빈슨(Jancis Robinson)은 그의 저서 『Food and Wine Adventure』(1987)에서 "Rich & Creamy Sauce가 있는 Noisettes Venison(느와쩨트 사슴고기)이라는 육질이 강한 야생고기에 알자스의

스위트 화이트와인을 곁들여 와인과 음식을 즐겼다"는 일례를 들고 있다. 풀바디의 강한 레드와인이 잘 어울릴 듯한 사슴고기이지만, 의외로 알자스의 피노 그리(Pinot Gris)로 만든 자극적인 풍미에 높은 알코올 도수와 산도로 이루어진 스위트 화이트와인(Hugel's Alsace Vendange Tardive Tokayd' Alsace)이 기분 좋게 잘 어울리는 결과로 이어지고 있음을 설명하고 있다.

이렇듯 통상적으로 생선요리에는 화이트와인이 잘 어울리고 육류요리에는 레드와인이 잘 어울린다고 하지만, 모든 생선에 화이트와인이 다 맞는 것은 아니다. 흰살 생선에 레드와인을 곁들이면 대체로 비린 맛이 더할 것이며, 화이트와인과 함께 했을 때 생선의 비린 맛을 씻어주고 상큼한 산도가 깔끔함을 느낄 수 있게 해주는 기본 원리가 적용되므로 와인과 그에 어울리는 요리를 선택하는 것이 좋다는 것이다.

Hermitage
에르미따쥐
H 23.5cm/C 620ml

Champagne
샴페인
H 24.5cm/C 170ml

마리아주의 근거는 있다

와인과 음식의 매칭은 모든 사람의 입맛이 다르고 취향도 다르기 때문에 여러 번 도전해 보고 저마다의 독특한 맛과 기호에 따라 점진적인 훈련과 적응이 요구된다.

와인 특성과 마리아주 와인

- 스위트와인 : 달콤한 디저트 또는 기름기가 많은 음식
- 산도 높은 와인 : 유질감이 있거나 기름기 많은 음식
- 탄닌이 많은 와인 : 일반적인 육류 및 기름진 구이요리 등 단백질 성분의 음식
- 고알코올의 풀바디 와인 : 향미가 강하거나 그을린 구이요리
- 잘 숙성된 와인 : 세련되고 섬세한 음식

음식의 맛과 마리아주 와인

- 단맛 음식 : 당도가 높거나 아주 달콤한 스위트와인
- 신맛 음식 : 향미가 많고 상큼한 화이트와인, 미디엄 또는 라이트 레드와인
- 짠맛 음식 : 과일향이 강한 레드나 일상적인 화이트와인
- 쓴맛 음식 : 오크에 숙성된 레드나 풀바디 화이트와인
- 감칠맛 음식 : 탄닌이 섬세하게 숙성된 레드와인

Chablis(Chardonnay)
샤블리(샤르도네)
H 21.6cm/350ml

매칭시키는 시점에 따라서도 달라질 수 있는데 입안에서 고기를 씹으면서 와인을 마시는 경우와 고기를 다 먹고 난 후 와인을 마시는 경우 맛의 차이가 현저히 달라진다. 대체로 고기를 씹으면서 와인을 함께 했을 때 고기의 맛이 와인과 서로 어우러져 이상적인 맛을 낼 수 있다. 어떻든 와인과 요리의 관계는 주관적인 판단이 우선이므로 자신이 좋다고 생각되는 것이 최고이며, 자신이 맛있다고 느끼는 와인이 가장 좋은 와인인 것이다.

식품재료와 와인

Riesling/Sauvignon Blanc
리슬링/쇼비뇽 블랑
H 21.6cm/C 335ml

- 소고기(Beef) : 시라, 카베르네 소비뇽, 메를로, 말벡, 그르나슈 등.
  소고기의 요리법은 매우 다양하여 와인과의 조합도 다방면으로 활용할 수 있으며 소고기 구이 육즙의 맛은 와인과의 조화에 있어 맛과 향의 절정을 이룰 수 있다.

- 돼지고기(Pork) : 가볍고 부드러우며 과일향이 풍부한 레드 품종의 와인.
  돼지의 종류도 다양하나 보통 흰 돼지는 비계가 두껍고 빨리 크며 살이 많으며, 검정 돼지는 사료 효율이 좋지 않아 빨리 크지 못하지만 살이 단단하고 맛이 좋다. 요리법도 다양하여 방법에 따라 다양한 와인의 선택이 필요하다.

육류 조리법에 따른 와인 마리아주

- 바비큐 요리 : 오크통에서 숙성된 강한 바디의 스페인의 리오하(Rioja), 카베르네 소비뇽이 어울린다.
- 스테이크 요리 : 탄닌 성분이 함유된 레드와인으로 카베르네 소비뇽 등이 부드러운 소고기의 육질과 잘 어울린다.
- 스튜요리 : 잘 숙성된 레드와인이나 풀바디의 레드와인이 강한 소스의 맛과 향에 잘 어울린다.

- 양고기(Mutton) : 부르고뉴 지방의 피노누아 품종의 레드와인, 이탈리아의 끼안티, 스페인의 리오하(Rioja)가 잘 어울린다. 양념이 강한 양고기인 경우 와인의 맛을 마비시키므로 강한 프랑스 론의 레드와인이 어울린다. 양고기의 독특한 풍미는 향을 약화시키는 향신료를 사용해 요리할 경우 와인과의 조화가 매우 환상적이다.

- 닭고기류(Chicken) : 닭고기는 육류에 속하지만 맛과 성분에 있어 담백한 특징을 가지고 있어 화이트와인과도 잘 어울린다.

Provance Bandol Rose
프로방스 방돌 로제

- 오리(Duck Meat)·칠면조 요리(Wild Turkey) : 메를로 품종의 레드와인, 리슬링 품종의 알자스 지방의 화이트와인이 잘 어울린다.

- 갑각류(Crustacea) : 해산물요리 중 최고의 식재료로 꼽히는 갑각류는 미국 캘리포니아의 샤르도네, 프랑스 루아르 지방의 소비뇽 블랑 품종으로 만든 상세르와 푸이 퓌메 등이 잘 어울린다.
  갑각류 요리도 기본적인 식재료의 성향은 같지만 소스에 따라 와인의 선택이 달라질 수 있음을 인식해야만 한다.

- 패류(Shell fish) : 우리나라의 패류로는 꼬막, 바지락, 동죽, 재첩, 꼬막, 홍합 등이 있으며 보통 가벼운 화이트와인과 스파클링 와인이 무난하다. 특히, 굴에 레몬을 함께한 전체요리에는 프랑스 샤블리 지방의 샤르도네 품종 화이트와인이 환상적이다.

Moscato D'Asti
모스카토 다스티

Vintage Port
빈티지 포트

- 흰살 생선(White flesh fish) : 고소하고 담백한 흰살 생선은 화이트 와인과 잘 조화된다.

- 붉은살 생선(Red flesh fish) : 흰살 생선과는 달리 붉은살 생선은 성격이 강하고 가벼우며 신맛이 잘 표현된 레드와인과 잘 어울린다.

- 등푸른 생선(External blue fish) : 등푸른 생선은 다른 생선에 비해 지방질 함량이 높은 화이트와인에서 레드와인에 걸쳐 다양하게 선택할 수 있다.

- 달걀(Eggs) : 일반적으로 달걀요리는 와인과는 잘 어울리지 않는다고 한다. 특히 점착성이 끈적끈적한 달걀은 와인과는 상극이다. 하지만, 어떻게 요리하느냐에 따라서 와인과 다양하게 어울릴 수 있다. 에그타르트의 경우 리슬링 품종이나 메를로 품종의 와인과 잘 어울릴 수 있다.

- 야채류(Vegetable) : 열매채소(Fruit vegetable)는 당분과 수분을 많이 함유하고 있어 와인과 잘 어울리며 말리거나 절인 경우 그 향이 농축되어 채소만으로도 훌륭한 요리가 된다. 잎채소(Leaf vegetable)는 주 요리의 맛을 극대화시켜 주는 장점 때문에 개성이 있으며 여러 종류의 와인과 잘 어울린다. 뿌리채소(Root vegetable)도 각종 영양소와 미네랄을 함유하고 있어 땅의 기운을 받아 와인과의 다양한 조합을 이뤄내는 채소이다.

✳ 와인과 음식의 마리아주 찾기

Sweet Wine	Full Body Red Wine	Light Body Red Wine	Rose Wine	Light Body White Wine	Full Body White Wine	Sparkling Wine
푸아그라	소고기	가금류	생선	조개, 굴, 넙치류	연어	굴
치즈	양고기	오리	닭고기	새우	꽁치	캐비아
케이크	비프스테이크	로스트 치킨	어패류	가자미	바닷가재	훈제연어

✳ 한국음식과 와인의 조화

삼겹살	가벼운 레드와인 / 샤르도네
생선회	프랑스 샤블리 지방의 샤르도네 / 뮈스카 품종
불고기	프랑스 보르도의 포므롤 지방의 레드와인 / 생테밀리용의 레드와인
안심구이	프랑스 루아르의 레드와인 / 가벼운 프랑스 보졸레와인
갈비찜	프랑스 보르도의 포이약 / 론의 풀바디 레드와인
육회비빔밥	이탈리아 시칠리아의 피노 그리지오 / 미국 캘리포니아의 샤르도네

✳ 서양음식과 와인의 조화

레드와인소스의 소고기 안심스테이크	풍미가 강한 레드와인소스로 오크통 숙성된 풀바디의 바닐라향의 레드와인이 잘 어울린다.
	이탈리아 피아몬테의 바롤로 / 프랑스 보르도의 카베르네 소비뇽
양갈비 커틀릿	허브와 빵가루로 요리된 개성이 강하며 특유의 향으로 풀바디의 레드와인이 잘 어울린다.
	이탈리아 토스카나의 산조베제 / 프랑스 론의 시라
닭가슴살 구이와 피망 크림소스	화이트와인이 잘 어울리지만, 리치한 피망 크림소스로 미디엄 바디의 허브향이 강하여 적당한 탄닌의 레드와인이 잘 어울린다.
	이탈리아 피에몬테의 바르베라 / 토스카나의 산조제베, 메를로
토마토 해산물 스파게티	토마토향이 강하므로 복합적인 향과 복합미의 미디엄 바디의 레드와인이 잘 어울린다.
	이탈리아 카안티 클라시코의 산조베제 / 베네토의 코르비나, 론디넬라
브루스케타	이탈리아 전통 오픈 샌드위치로 구운 바케트빵에 토마토, 양파, 마늘, 가지를 이용한 브루스케타이다. 우아하며 산뜻한 스파클링와인이나 신선한 풍미의 미디엄 바디의 화이트와인이 잘 어울린다.
	이탈리아 베네토의 프로세코, 샤르도네 / 베네토의 피노 비앙코
허브로 절인 참치구이	이탈리아 파슬리, 바질, 타라곤, 딜, 오레가노, 레몬제스트, 통후추를 주로 사용하고 타임과 로즈마리와 함께 그릴에 구워져 바디가 강한 스파클링와인이나 붉은 생선으로 시라 계열의 향이 풍부한 레드와인이 잘 어울린다.
	이탈리아 프란차코르타의 스파클링 및 레드와인

✳ 일본음식과 와인의 조화

멘타이코	명태알과 고춧가루가 만나 담백하고 고소하며 매운 고추 맛이 함께 어우러진 요리이다. 레몬과 라임향으로 감도는 상큼한 화이트와인이 잘 어울린다.
	이탈리아 피이몬테의 코르테제 화이트와인 / 움브리아의 화이트와인
라멘 샐러드	이탈리아의 차가운 파스타와 비슷하며 일본 퓨전요리로 샐러드에 생면을 삶아 곁들인 요리이다. 미디엄 바디의 화이트와인이나 풍부한 과일향의 로제 와인과 잘 어울린다.
	이탈리아 시칠리아의 로제와인 / 미국 나파 밸리의 샤르도네 화이트와인
지라시스시	일본 관동지방의 스시 요리이며 생선에 달걀부침과 오이, 양념된 채소를 초밥에 곁들여 고명으로 김을 얇게 썰어 얹은 요리이다. 상큼한 샤르도네 와인과 미디엄 바디의 소비뇽 블랑과 잘 어울린다.
	이탈리아 베네토의 피노 비앙코 / 뉴질랜드 말보로의 소비뇽 블랑
삼겹살 데리야키	양파, 파와 함께 데리야키 소스를 첨가한 삼겹살 구이 요리이다. 블랙베리류의 향과 풀바디의 레드와인과 잘 어울린다. 이 소스는 일본식 소스 중에서도 가장 농도가 강해 후추향이 강한 론 지역의 레드와인과 잘 어울린다.
	프랑스 론의 시라 / 이탈리아 토스카나의 산조베제

✳ 중국음식과 와인의 조화

깐풍기	매콤달콤한 소스를 함께한 닭볶음 요리이다. 열대과일향이 풍부한 미디엄 바디의 화이트와인 및 스파클링와인이 잘 어울린다.
	호주 아들래이드 힐스의 화이트와인 / 프랑스 알자스의 화이트와인
유린기	닭을 튀겨 그 위에 간장과 레몬을 곁들여 매콤하고 상큼한 맛의 요리이다. 전형적인 산도에 당도가 살짝 있는 스파클링와인과 미디엄 바디의 레드와인과도 잘 어울린다.
	프랑스 부르고뉴의 화이트와인 / 칠레 리마리 밸리의 스파클링와인
베이징덕	화덕에서 기름기를 뺀 중국의 대표적이 요리이다. 크리스피한 껍질과 담백하고 풍미가 있는 속살의 맛은 허브향이 잘 어우러지는 미디엄 바디의 화이트와인과 잘 어울린다. 또한 풍부한 과일향의 레드와인과도 좋다.
	이탈리아 피에몬테의 아르네이스 화이트와인 및 베로나의 레드와인
탄탄미엔	중국 쓰촨성의 대표적인 면요리로 고기와 다양한 채소에 고소한 땅콩을 국물로 낸 매운맛의 요리이다. 보통 미디엄 바디의 레드와인과 잘 어울린다.
	프랑스 론의 시라 / 이탈리아 키안티 클라시코의 산조베제

| 초이삼 | 중국 고급채소인 청경채와 시금치의 중간 맛이다. 채심으로 잘 알려져 있으며 굴소스로 요리를 한다. 상큼하고 시원한 스파클링와인이나 과일 향이 풍부한 달달한 화이트와인이 잘 어울린다. |
| | 이탈리아 피에몬테의 모스카토 / 스페인의 카바 |

부록

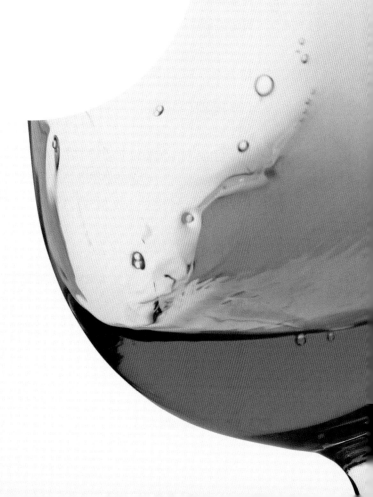

프랑스 와인

✽ 그랑 크뤼 클라세(Grand Cru Classé, 1885) – 샤토의 등급

메도크에는 1885년 이래 고급와인을 생산하는 포도원 즉 샤토의 등급이 1등급에서 5등급까지 정해져 있다.

● GRAND CRU CLASSÉ, 1855

1등급(Premiers Crus, 5개)

샤토	AOC
* Château Haut-Brion(오 브리옹)	Pessac-Léognan(Graves)
* Château Lafite-Rothschild(라피트 로트칠드)	Pauillac
* Château Latour(라투르)	Pauillac
* Château Margaux(마르고)	Margaux
* Château Mouton-Rothschild(무통 로트칠드)*	Pauillac

2등급(Deuxièmes Crus, 14개)

샤토	AOC
* Château Brane-Cantenac(브란 캉트냐크)	Margaux
* Château Cos d'Estournel(코스 데스투르넬)	Saint-Estéphe
* Château Ducru-Beaucaillou(뒤크뤼 보카유)	Saint-Julien
* Château Durfort-Vivens(뒤르포르 비방)	Margaux

* Château Gruaud-Larose(그뤼오 라로즈)	St-Julien
* Château Lascombes (라스콩브)	Margaux
* Château Léoville-Barton(레오빌 바르통)	Saint-Julien
* Château Léoville-Las Cases(레오빌 라카즈)	Saint-Julien
* Château Léoville-Poyferre(레오빌 푸아페레)	Saint-Julien
* Château Montrose(몽로즈)	Saint-Estéphe
* Château Pichon-Longueville-Baron(피숑 롱그빌 바롱)	Pauillac
* Château Pichon-Longueville-Comtesse de Lalande (피숑 롱그빌 콩테스 드 랄랑드)	Pauillac
* Château Rauzan-Gassies(로장 가시)	Margaux
* Château Rauzan-Ségla(로샹 세글라)	Margaux

3등급(Troisièmes Crus, 14개)

샤토	AOC
* Château Boyd-Cantenac(부아드 캉트냐크)	Margaux
* Château Calon-Ségur(칼롱 세귀르)	Saint-Estéphe
* Château Cantenac-Brown(캉트냐크 브라운)	Margux
* Château Desmirail(데미라유)	Margaux
* Château d'Issan(디상)	Margaux
* Château Ferrière(페리에르)	Margaux
* Château Giscours(지스쿠르)	Margaux
* Château Kirwan(키르완)	Margaux
* Château Lagrange(라그랑주)	Saint-Julien
* Château la Lagune(라 라귄)	Haut-Médoc
* Château Langoa-Barton(랑고아 바르통)	Saint-Julien
* Château Malescot-St-Exupéry(말레스코 셍텍쥐페리)	Margaux
* Château Marquis d'Alesme Becker(마르키 달렘 베케르)	Margaux
* Château Palmer(팔메)	Margaux

4등급(Quatrièmes Crus, 10개)

샤토	AOC
* Château Beychevelle(베슈벨)	Saint-Julien
* Château Branaire-Ducru(브라네르 뒤크뤼)	Saint-Julien
* Château Duhart-Milon-Rothschild(뒤아르 밀롱 로트칠드)	Pauillac
* Château Lafon-Rochet(라퐁 로셰)	Saint-Estèphe
* Château La Tour Carnet(라 투르 카르네)	Haut-Médoc
* Château Marquis de Terme(마르키 드 테름)	Margaux
* Château Pouget(푸제)	Margaux
* Château Prieuré-Lichine(프리외레 리신)	Margaux
* Château Saint-Pierre(생피에르)	Saint-Julien
* Château Talbot(탈보)	Saint-Julien

5등급(Cinquièmes Crus, 18개)

샤토	AOC
* Château Batailley(바타예)	Pauillac
* Château Belgrave(벨그라브)	Haut-Médoc
* Château Camensac(카망사크)	Haut-Médoc
* Château Cantemerle(캉트메를)	Haut-Medoc
* Château Clerc-Milon(클레르 밀롱)	Pauillac
* Château Cos Labory(코스 라보리)	Saint-Estéphe
* Château Croizet Bages(크루아제 바주)	Pauillac
* Château d'Armailhac(다르마이야크)	Pauillac
* Château Dauzac(도자크)	Margaux
* Château du Tertre(뒤 테르트르)	Margaux
* Château Grand-Puy-Ducasse(그랑 퓌이 뒤카스)	Pauillac
* Château Grand-Puy-Lacoste(그랑 퓌이 라코스트)	Pauillac
* Château Haut-Bages Libéral(오 바주 리베랄)	Pauillac

* Château Haut-Batailley(오 바타예)	Pauillac
* Château Lynch-Bages(린치 바주)	Pauillac
* Château Lynch-Moussas(린치 무사스)	Pauillac
* Château Pédesclaux(페데클로)	Pauillac
* Château Pontet-Canet(퐁테 카네)	Pauillac

크뤼 부르주아(Cru Bourgeois)

1855년, 그랑 크뤼 클라세에 속하지 못한 샤토는 "크뤼 부르주아(Cru Bourgeois)"로 다시 등급을 정해 놓았다.

* 크뤼 부르주아 엑셉시오넬(Cru Bourgeois Exceptionnels, 9개)
* 크뤼 부르주아 쉬페리외르(Cru Bourgeois Supèrieurs, 87개)
* 크뤼 부르주아(Cru Bourgeois, 151개)

✽ 소테른 와인의 등급(Grand Cru Classè, 1855)

특등급(Grand Premier Crus)

샤토	AOC
* Château d'Yquem(뒤켐)	Sauternes

1등급(Premièrs Crus급)

샤토	AOC
* Château Climens(클리멍)	Barsac
* Château Clos Haut-Peyraguey(클로 오 페라궤이)	Sauternes
* Château Coutet(쿠테)	Barsac
* Château Guiraud(기로)	Sauternes
* Château Lafaurie-Peyraguey(라포리 페라궤이)	Sauternes

샤토	AOC
* Château La Tour Blanche(라 투르 블랑슈)	Sauternes
* Château Rabaud-Promis(라보 프로미)	Sauternes
* Château de Rayne-Vigneau(드 렌 비뇨)	Sauternes
* Château Rieussec(리외세크)	Sauternes
* Château Sigalas Rabaud(시걀라 라보)	Sauternes
* Château Suduiraut(쉬뒤이로)	Sauternes

2등급(Deuxièmes Crus)

샤토	AOC
* Château D'Arche(다르슈)	Sauternes
* Château Broustet(브루스테이)	Barsac
* Château Caillou(카이유)	Barsac
* Château Doisy Daëne(두아지 다엔)	Barsac
* Château Doisy Dubroca(두아지 뒤브로카)	Barsac
* Château Doisy-Védrines(두아지 베드린)	Barsac
* Château Filhot(피요)	Sauternes
* Château Lamothe-Despujols(라모트 데스퓌욜)	Sauternes
* Château Lamothe-Guignard(라모트 귀냐르)	Sauternes
* Château de Malle(드 말르)	Sauternes
* Château de Myrat(미라)	Barsac
* Château Nairac(네락)	Barsac
* Château Romer du Hayot(로메르 뒤 애요)	Sauternes
* Château Suau(쉬오)	Barsac

✽ 포므롤(Pomerol) 와인

● 부티크(**Boutique**) & 가라쥐(**Garage**)

* Château Beauregard(보르가르)

* Château Certan-De May de Certan(세르탕 드 메이 드 세르탕)

* Château Certan-Giraud(세르탕 지로)

* Château Clinet(클리네)

* Château de Sales(드 살르)

* Château Gazin(가쟁)

* Château La Conseillante(라 콩세양트)

* Château La Croix-De-Gay(라 크루아 드 가이)

* Château Lafleur-Gazin(라플뢰르 가쟁)

* Château La Fleur-Pétrus(라 플뢰르 페트러스)

* Château Latour á Pomerol(라투르 아 포므롤)

* Château l'Église-Clinet(레글리제 클리네)

* Château L'Evangile(레방질)

* Château Nénin(네냉)

* Château Petit-Village(프티 빌라주)

* Château Trotanoy(트로타누아)

* Clos-René(클로 르네)

* Le Pin(르 팽): 게라쥐 와인으로 유명

* Pétrus(페트뤼스)

* Vieu Château-Certan(비유 샤토 세르탕)

✱ 생테밀리옹(Saint-Émilon) 와인

● 프르미에르 그랑 크뤼 클라세(Premièrs Grands Crus Classès)

프리미에르 그랑크뤼 클라세 A등급(Premièrs Grands Crus Classès A)

Château Ausone(오존)

Château Cheval-Blanc(슈발 블랑)

Château Angélus(앙젤뤼스)

Château Pavie(파비)

- 이상 메도크의 그랑 크뤼 클라세 1등급 수준 -

프리미에르 그랑 크뤼 클라세 B등급(Premièrs Grands Crus Classès B)

Château Beauséjour(보세주르) 등

Château Beauséjour(보세주르)/Beauséjour-Duffau-Lagarrosse(보세주르 뒤포 라갸로스)

Château Belair-Monange(벨레르 모낭주)

Château Canon(캬농)

Château Figeac(피자크)

Clos Fourtet(클로 푸르테)

Château La Gaffelière(라 갸플리에르)

Château la Mondotte(라 몽도트): 2012년 승급

Château Larcis Ducasse(라르시스 뒤카스): 2012년 승급

Château Pavie-Macquin(파비 마캥)

Château Troplong-Mondot(트롤롱 몽도)

Château Trottevieille(트롯트비에유)

Château Valandraud(발랑드로): 게라쥐 와인으로 유명. 2012년 승급 14개

- 이상 메도크의 그랑 크뤼 클라세 수준 -

〈코트 드 뉘이의 명산지〉

빌 라 주 (Village)	프르미에르 크뤼 (Premier Cru 1등급)	그랑 크뤼 (Grand Cru 특등급)
Marsannay & Fixin (마르사네 & 픽생) (레드, 화이트)	Clos de La Perrière (클로 들 라 페리에르) 등 8개	없음
Geverey-Chambertin (제브레 샹베르탱) (레드)	Clos St-Jacques (클로 생자크)	Chambertin (샹베르텡)
	Clos de Varailles (클로 드 바르아유)	※Chambertin Clos de Bèze (샹베르탱 클로 드 베즈)
	La Perrière (라 페리에르)	※Charmes-Chambertin (샤름 샹베르탱)
	Aux Combottes (오 콩보트)	※Mazoyères-Chambertin (마주에르 샹베르탱)
	Bel Air (벨 에르)	Chapelle-Chambertin (샤펠 샹베르탱)
	Clos du Chapitre (클로 뒤 샤피트르)	Griotte-Chambertin (그리오트 샹베르탱)
	Les Cazetiers (레 카즈티에)	Latricieres-Chambertin (라트리시에르 샹베르탱)
	Champeaux (샹포) 등 26개	Mazis-Chambertin (마지 샹베르탱)
	Ruchottes-Cambertin (뤼쇼트 샹베르탱)	
Morey-St-Denis (모레 생드니) (레드, 화이트)	Les Rouchots (레 루쇼)	Clos de Tart (클로 드 타르)

	Les Sorbés (레 소르베)	Clos St-Denis (클로 생드니)
	Les Millandes (레 밀랑드)	Clos de la Roche (클로 드 라 로슈)
	Clos des Ormes (클로 데 옴)	Bonnes Mares (본 마르)
	Aux Charmes (오 샤름) 등 20개	Clos des Lambrays (클로 데 람브레)
Chambolle-Musigny (샹볼 뮈지니) (레드)	Les Amoureuses (레 자무뢰스)	※Musigny (뮈지니)
	Les Charmes (레 샤름) 등 23개	Bonne Mares (본 마르)
Vougeot(부조) (레드, 화이트)	Clos de la Perrière (클로 들 라 페리에르)	※Clos de Vougeot (클로 드 부조)
	Les Petits Vougeot (레 프티 부조) 등 4개	
Flagey-Echézeaux (플라제 에셰조) (레드)	없음 (그랑 데셰조)	Grand Echézeaux
	Echézeaux (에셰죠)	
Vosne-Romanée (본 로마네) (레드)	Les Gaudichots (레 고디쇼)	Romanée-Conti (로마네 콩티)
	Les Malconsort (레 말콩소르)	La Romanée (라 로마네)
	Les Beaux-Monts (레 보 몽)	Romanée-St-Vivant (로마네 생비방)
	La Suchots (라 쉬쇼)	La Tâche (라 타슈)

	Clos des Rêas (클로 데 레아)	Richebourg (리슈부르)
	Les Chaumes (레 솜) 등 11개	La Grande-Rue (라 그랑드 뤼)
Nuits St-George (뉘이 생조르주) (레드, 화이트)	Les St-Georges (레 생조르주) 등 37개	없음

※ Mazoyères-Chambertin은 상표에 Charmes-Chambertin 명칭을 사용한다.

※ 뮈지니(Musigny)와 클로 드 부조(Clos de Vougot)는 한정된 양의 화이트와인을 생산한다.

※ 샹베르탱 클로 드 베즈(Chambertin Clos de Bèze)은 나폴레옹이 가장 즐겨 마시던 와인이며, 알렉산더 뒤마는 "그 어느 것도 한잔의 샹베르탱(Chambertin)을 통해서 보이는 장미 빛 미래를 만들 수는 없다"고 극찬했다.

〈코트 드 본의 명산지〉

빌 라 주 (Village)	프르미에르 크뤼 (Premier Cru 1등급)	그랑 크뤼 (Grand Cru 특등급)
Ladoix(라두아) (레드, 화이트)	La Micaude(라 미코드)	Corton(코르통, 레드)
	La Corvée(라 코르베)	Corton-Charlemagne
	Les Haute Mourottes 등 7개 (레 오트 무로트)	(코르통 샤를마뉴, 화이트)
Aloxe-Corton (알록스 코르통) (레드, 화이트)	Les Valozières (레 발로지에르)	Corton (코르통, 레드)
	Les Chaillot (레 샤이요)	Corton-Charlemagne (코르통 샤를마뉴, 화이트)
	Clos du Chapitre (클로 뒤 샤피트르) 등 13개	Charlemagne (샤를마뉴, 화이트)

Pernand-Vergelesse (페르낭 베르줄레스) (레드, 화이트)	Basses Vergelesses (바즈 베르줄레스)	Corton (코르통, 레드)
	Les Fichots (레 피쇼트)	Corton-Charlemagne (코르통 샤를마뉴, 화이트)
	En Caradeux (엉 카라뒈) 등 6개	Charlemagne (샤를마뉴, 화이트)
Savigny-les-Beaune (샤비니 레 본) (레드, 화이트)	Basses Vergelesses (바즈 베르줄레스) 등 22개	없음
Chorey-Les-Beaune (쇼레 레 본) (레드, 화이트)	없음	없음
Beaune(본) (레드, 화이트)	Les Marconnets (레 마르코네) 등 44개	없음
Pommard(포마르) (레드)	Les Grands Epenots (레 그랑 제프노) 등 28개	없음
Volnay(볼네) (레드)	Caillerets (카이유레) 등 35개	없음
Monthélie(몽텔리) (레드, 화이트)	Les Riottes (레 리오트) 등 11개	없음
Auxey-Duresses (오세 뒤레스) (레드, 화이트)	Clos du Val (클로 뒤 발) 등 9개	없음
Saint-Romain(생로맹) (레드, 화이트)	없음	없음
Meursault(뫼르소) (화이트, 레드)	Perrières (페리에르) 등 29개	없음

Saint-Aubin(생토뱅) (화이트, 레드)	La Chatenière (라 샤트니에르) 등 29개	없음
Puligny-Montrachet (퓔리니 몽라셰) (화이트, 레드)	Les Combettes (레 콩베트)	※Montrachet(화이트) (몽라셰)
	Les Pucelles (레 퓌셀)	Chevalier-Montrachet(화이트) (슈발리에 몽라셰)
	Les Chalumaux (레 샬루모)	※Bâtard-Montrachet(화이트) (바타르 몽라셰)
	Cailleret (카이유레)	Bienvenue-Bâtard-Montrachat (화이트)
	Les Folatières (레 폴라티에르) 등 23개	(비앵브뉘 바타르 몽라셰)
Chassagne-Montrachet (샤사뉴 몽라셰) (화이트, 레드)	Les Grandes Ruchortes (레 그랑드 뤼쇼트)	※Montrachet(화이트) (몽라셰)
	Les Champs Gains (레 샹 갱)	※Bâtard-Montrachat(화이트) (바타르 몽라셰)
	Abbaye de Morgeot (아베이 드 모르조)	Criots-Bâtard-Montrachat (화이트)
	La Grandes Montagne (라 그랑드 몽타뉴) 등 52개	(크리오 바타르 몽라셰)
Santenay(상트네) (레드, 화이트)	Les Gravières (레 그라비에르) 등 14개	없음

※ 하나의 포도밭이 두 군데 이상의 빌라주에 표시된 것은 두 군데 이상의 빌라주에 걸쳐있는 포도밭이다.

✽ 부르고뉴 코트 도오르(Côte d'Or)지역의 와인 소개

코트 도오르(Côte d'Or) **와인**

코트 도오르(Côte d'Or)는 영어로 'golden slope(황금의 언덕)'이란 뜻으로, 가을 포도밭의 노란 단풍색깔에서 이런 이름이 유래되었으며, 남쪽의 코트 드 본(Côte de Beaune)과 북쪽의 코트 드 뉘이(Côte de Nuits) 두 지역으로 나누어진다.

✽ 코트 드 뉘이(Côte de Nuits)지역 와인

부르고뉴 와인의 명성을 높힌 탁월한 레드와인들이 생산되는 지역이다. 이곳은 보르도 지방의 메도크과 함께 세계 레드와인의 양대 산맥을 형성하고 있다. 중요 생산지명과 그랑 크뤼는 기억하는 것이 좋다.

- 마르사네(Marsannay) : 레드와인은 진하고 블랙베리, 블랙커런트 향이 나며 숙성되면 머스크향이 난다. 화이트는 파인애플, 복숭아향이 지배적이다.

- 픽셍(Fixin) : 제일 북쪽에 있으며 풀바디 레드와인이며 강한 맛과 장기보관이 가능하다.

- 제브리-샹베르뗑(Gevrey-Chambertin) : "와인의 왕"으로 알려져 있으며 강한 맛과 함께 특유의 감초 향내를 지니며 20년 이상 장기보관이 가능하다.

- 모레이-생-드이(Morey-St-Denis) : "제브레이-샹베르뗑"보다는 맛이 약하나 풍부하고 섬세한 맛을 지녔으며 딸기와 제비꽃의 복합향을 자랑한다.

- 샹볼-뮈지니(Chambolle-Musigny) : "꼬뜨 드 뉘" 와인 중에서 가장 섬세한 맛을 지녔다. 그랑크뤼인 본마르는 힘이 넘치지만, 뮈지니는 부드럽고 바디가 뛰어나다.

- 부조(Vougeot) : 타스트-뱅(Taste-Vin) 기사 수도회 본부가 위치한 곳으로 균형이 우수하며 뒷맛이 오래 남는다.

- 플라제 에셰조(Flagey-Echézeaux) : 보통 본 로마네로 취급하며 와인성격도 비슷하지

만 화려함은 덜하다.

- 본-로마네(Vosne-Romanee) : 로마네-꽁띠(Romanee-Conti), 라 타쉬(La Tache) 등지에서 생산되며 부드럽고 강한 탄닌과 신맛이 뒤에 남아 화려한 맛과 향이 오래 남는다. 풍만한 향내의 조화가 비할 데 없다.

- 뉘-생-조르주(Nuit-St-Georges) : 북쪽에 위치한 특급 포도원의 것보다는 가벼운 맛(Leger)을 지녔으며 부르고뉴에서 가장 탄닌이 강하고 풍만함의 조화가 잘 이루어진다.

✱ 코트 드 본(Cote de beaune)지역의 와인

본은 부르고뉴의 수도이면서 라두아에서 마랑주언덕에 이르는 넓은 포도밭을 의미하기도 한다. 우수한 테루아로 인해 와인 품질도 우수하지만 와인의 성격도 다양한 편이다.

볼레(Volnay), 포마르(Pommard), 본(Beaune), 알록스코르통(Aloxe Corton)등 완벽하게 균형을 유지하며 Body가 확고한 장기보관용 레드 와인을 생산할 뿐만 아니라 몽라쉐(Montrachet), 뫼르소(Meursault), 코르통 지방에 포도원을 소유했던 샤를마뉴 대제를 기념하여 명명된 코르통 샤를마뉴(Corton Charlemagne)등은 섬세한 과일향과 함께 강력하고 복합적인 향의 농축감을 지닌 탁월한 화이트와인을 생산한다.

- 페르낭 베르줄레스(Pernand-Vergelesse) : 화이트와인은 신선하고 사과향과 스파이시함을 주지만 숙성되면 꿀냄새가 난다. 레드는 숙성되면서 머스크향이 나며 더욱 강렬한 맛이 난다.

- 라두아(Ladoix) : 레드는 부드럽고 섬세하며 라즈베리, 체리 등 아로마가 강하다. 화이트는 숙성되면서 사과, 호두, 무화과 등의 향이 난다.

- 알록스 코르통(Aloxe-Corton) : 이 지역에서 생산되는 유일한 상급 레드 와인이다. 레드는 검은빛을 띠며 강렬하고 섬세하며, 베리류의 향이 풍부하게 난다.

- 샤비니-레-본(Savigny-les-Beaune) : 매혹적이며 미묘한, 그리고 체리, 베리류의 과일향이 나는 레드와인을 주로 생산한다.화이트는 열대과일, 헤이즐럿향이 지배적이다.

- 본(Beaune) : 남쪽은 색이 진하고 머스크향과 베리류향의 균형감이 있으며, 북쬭은 색과 강도가 약한 부드러운 맛이다.

- 포마르(Pommard) : 맛이 강하며 탄닌 성분이 많고 색이 짙은 레드 와인을 주로 생산한다.

- Volnay(볼네) : 부드럽고 우아한 여성적인 와인으로 라즈베리, 블랙베리 향이 지배적이다.

- 뫼르소(Meursault) : 주정도가 높으며 잘 익은 포도와 아몬드, 토스트 등의 향이 지배적이며 입에서 부드럽고 매끄러우며 뒷맛이 오래가는 세련된 화이트와인은 시간이 흐를수록 맛이 배가된다.

- 퓰리니-몽라쉐(Pulligny-Montrachet) : 우아하고 섬세한 화이트로 산도와 함께 부드러움을 주고 뒷맛이 오래 남는다. 그 중 특히 몽라쉐는 헤이즐럿 열매와 꿀, 편도향이 풍기는 세계에서 가장 뛰어난 드라이 화이트와인으로 알려져 있다.

- 샤샤뉴-몽라쉐(Chassagne-Montrachet) : 풀바디의 강하고 풍부한 맛의 화이트는 아몬드꽃, 꿀향이 지배적이며 지속성이 훌륭하다.

- 상트네(Santenay) : 화이트는 풀바디로 아로마가 좋다. 레드는 탄닌이 풍부하고 아몬드향이 지배적이며 밤, 자두향이 지배적이다.

✳ 샴페인 제조과정(Méthode Champenoise)

① 수확(Vendage) : 9월말이나 10월초에 한다.

② 과즙분리(Pressurage) : 사용하는 포도 품종 중 적포도가 많기 때문에, 가능한 한 포도껍질에서 색소가 우러나오지 않도록 빠른 시간 내에 과즙을 짜낸다. 보통 4,000kg의 포도를 압착시키면 처음에는 2,050ℓ의 주스가 나오며, 두 번째는 500ℓ의 주스가 나온다. 여기까지만 모아서 샴페인을 만들고(Vin de cuvée), 나머지는 다른 용도로 사용한다. 고급 샴페인은 첫 번째 나온 주스만 사용한다.

③ 발효(Fermentation) 및 따라내기(Racking) : 화이트와인을 담을 때와 동일한 방법으로 깨끗한 와인을 만든다. 온도조절이 자동으로 되는 대형 스테인리스스틸 탱크에서 발효시키고, 안정화, 청징화를 거쳐 와인을 완성한다.

④ 혼합(Assemblage) : 수확 다음해 1월이나 2월에 완성된 와인을 섞어서 회사 고유의 샴페인 맛을 낼 수 있도록 해야 하는데, 이때는 몇 가지를 결정해야 한다. 첫째, 어떤 포도 품종을 어떤 비율로 사용할 것인가? 둘째, 어느 포도밭에서 나온 것을 얼마나 섞을 것인가? 셋째, 어느 해 담은 와인을 얼마나 섞을 것인가? 등을 타입별로 선별하여 정한다. 그러므로 샴페인은 공식적인 빈티지가 있을 수 없다. 그러나 특별히 좋은 해는 빈티지를 표시하여 그 해 생산한 포도를 사용한다.

⑤ 설탕과 효모 첨가(Liquer de tirage) : 혼합한 와인에 재 발효를 일으키기 위해서, 설탕과 효모를 적당량 넣고 혼합한 다음, 병에 넣고 뚜껑을 한다. 이때는 코르크마개를 쓰지 않고 보통 청량음료에 사용하는 왕관마개를 사용한다.

　　와인 1 ℓ에 설탕 4 g을 넣으면, 발효되어 발생하는 탄산가스 압력이 약 1기압 정도이므로, 샴페인의 규정압력인 5기압(자동차 타이어는 약 2기압)이 나올 수 있도록 설탕 양을 첨가한다.

⑥ 2차 발효(Deuxième fermentation) : 설탕과 효모를 넣은 와인 병을 옆으로 눕혀서 시원한 곳(15 ℃ 이하)에 둔다. 그러면 서서히 발효가 진행되어 6-12주정도 후에는 병에 탄산가스가 가득 차게 되고, 바닥에는 찌꺼기가 가라앉게 된다. 또 알코올 함량도 약 1-2 %정도 더 높아진다. 온도가 너무 높으면 발효가 급격히 일어나 병이 깨질 우려가 있고, 반대로 너무 낮으면 발효가 일어나지 않는다. 그러므로 온도조절을 잘해야 한다. 그리고 샴페인에 사용되는 병은 두꺼운 유리로 특수하게 만들어서 높은 압력을 견딜 수 있어야 한다.

⑦ 숙성(Séjour en cave) : 발효가 끝나면 온도가 더 낮은 곳으로(10 ℃이하) 옮겨서 숙성을 시킨다. 이 때 와인은 효모 찌꺼기와 접촉하면서 특유한 부케를 얻게 된다. 효모 찌꺼기는 장기간 와인과 접촉하면서 어느 정도 분해되어, 와인에 복잡하고 특이한 향을 남기므로, 샴페인은 고유의 향과 맛을 지니게 된다. 보통 빈티지 표시 안 된 와인

은 2-3년, 빈티지 표시된 와인은 3-5년 동안 숙성시킨다.

⑧ 병 돌리기(Rémuage) : 이 과정에서 만든 와인은 탄산가스가 가득 찬 샴페인으로서 손색이 없지만, 찌꺼기가 남아 있어서 상품성이 없다. 거품의 손실이 없어 찌꺼기를 제거해야 한다.

경사진 나무판에 구멍을 뚫어, 각각 병을 그 구멍에 거꾸로 세워 놓는다. 그리고 병을 회전시키면 찌꺼기가 병 입구로 모이면서 뭉쳐진다. 이 작업은 사람의 손으로 병을 하나씩 회전해야 하므로 무척 힘든 작업이지만, 샴페인을 만드는데 가장 상징적인 작업이기도 하다. 약 6주 동안이면 이 작업이 끝난다. 요즈음은 병을 기계로 돌리기도 한다.

⑨ 찌꺼기 제거(Dégrogement) 및 보충(Dosage) : 찌꺼기가 병 입구에 모이면 더 숙성을 시키거나 찌꺼기를 제거한다. 와인이 얼어버릴 수 있을 정도의 차가운 소금물이나 염화칼슘 용액에 병을 거꾸로 세워서 병 입구만 얼리면, 찌꺼기도 얼음 속에 함께 포함된다. 그리고 병마개를 열면 탄산가스 압력에 의해서 찌꺼기를 포함한 얼음이 밀려 올라오게 된다.

이 얼음을 제거하고 그 양만큼 다른 샴페인이나 설탕물을 보충(Dosage)한 다음, 깨끗한 코르크마개로 다시 밀봉하고, 철사 줄로 고정시켜 제품을 완성한다. 얼음을 제거하고 다른 샴페인이나 설탕물을 보충한 후, 최종 설탕농도에 따라 다음과 같이 여러 가지 타입으로 나눌 수 있다.

✽ 샴페인(Champagne) 유명 제조회사와 퀴베 스페시알

- 베브 클리코 퐁사르당(Veuve Clicquot Ponsardin) : 라 그랑드 담(La Grande Dame)

- 볼랭제(Bollinger) : 아네 레어 RD(Année Rare RD), 그랑 아네(Grand Année)

- 루이 로데레(Louis Roederer) : 크리스탈(Cristal)

- 비유카르 살몽(Billecart Salmon) : 퀴베 NF 비유카르(Cuvée NF Billecart)

- 샤르보 에 피스(A. Charbaut et Fils) : 서티피케이트(Certificate)

- 되츠(Deutz) : 퀴베 윌리엄 되츠(Cuvée William Deutz)

- 고세(Gosset) : 그랑 밀레짐(Grand Millésime)

- 에이드시크 모노폴(Heidsieck Monopole) : 디아망 블뢰(Diamant Bleu)

- 조제프 페리에르(Joseph Perrier) : 퀴베 조세핀(Cuvée Joséphine)

- 크뤼그(Krug) : 클로 뒤 메닐(Clos du Mesnil), 그랑드 퀴베 NV(Grande Cuvée NV), 크뤼그 빈티지(Krug Vintage)

- 랑송(Lanson) : 스페시알 퀴베 225(Special Cuvée 225)

- 로랑 페리에(Laurent Perrier) : 그랑 시에클(Grand Siècle)

- 맘(G. H. Mumm & Cie) : 르네 랄루(RenéLaliu), 그랑 코르동(Grand Cordon)

- 페리에 주에(Perrière Jouët) : 플뢰르 드 샹파뉴(Fleur de Champagne), 블라송 드 프랑스(Blason de France)

- 피페 에이드시크(Piper Heidsieck) : 레어(Rare)

- 폴 로제(Pol Roger) : 퀴베 서 윈스턴 처칠(Cuvée Sir Winston Churchill)

- 포메리(Pommery) : 퀴베 루이스 포메리(Cuvée Louise Pommery)

- 뤼이나르(Ruinart) : 동 뤼이나르(Dom Ruinart)

- 살롱(Salon) : 르 메닐(Le Mesnil)

- 테탱제(Taittinger) : 콩트 드 샹파뉴(Comtes de Champagne)

독일 와인

✽ 모젤(Mosel)

마을 이름	포도밭 이름
Zell(첼)	Schwarze Katz(슈바르체 카츠)
Erden(에르덴)	Treppchen(트레프헨)
Ürzig(위르치히)	Würzgarten(뷔르츠가르텐)
Wehlen(베엘렌)	Sonnenuhr(존넨우어)
Graach(그라아흐)	Himmelreich(힘멜라이히)
	Domprobst(돔프롭프스트)
	Münzlay(뮌츨라이)
Bernkastel(베른카스텔)	Doktor(독토어)
	Graben(그라벤)
	Badstube(바드슈트베)
	Lay(라이)
Brauneberg(브라우네베르크)	Juffer(유퍼)
Piesport(피스포트)	Goldtröpfchen(골드트룁프헨)
	Günterslay(균테르슬라이)
	Falkenberg(팔켄베르크)
Trittenheim(트리텐하임)	Apotheke(아포테케)
	Altärchen(알테르헨)
Filzen(필첸)	Herrenberg(헤렌베르크)
Zeltingen(첼팅겐)	Sonnenuhr(존넨우어)
	Himmelreich(힘멜라이히)
Wiltingen(빌팅겐)	Kupp(쿱프)
	Scharzhofberg(샤르츠호프베르크)

Ockfen(옥펜)	Bockstein(복수타인)
	Geisberg(가이스베르크)
	Herrenberg(헤렌베르크)
Ayl(아일)	Herrenberg(헤렌베르크)
	Kupp(쿱프)
Serrig(제리히)	Kupp(쿱프)
	Würzberg(뷔르트베르크)
Kanzem(칸쳄)	Sonnenberg(존넨베르크)
	Altenberg(알텐베르크)
Oberemmel(오베렘멜)	Altenberg(알텐베르크)
	Rosenberg(로젠베르크)
Eitelsbach(아이텔스바흐)	Karthäuserhofberg(카르토이제르호트베르크)
Maximin Grünhaus(막시민 그륀하우스)	Abtsberg(압츠베르크)
	Herrenberg(헤렌베르크)
	Bruderberg(부르데어베르크)
Avelsbach(아벨스바흐)	Herrenberg(헤렌베르크)
	Altenberg(알텐베르크)
Waldrach(발드라흐)	Laurentiusberg(라우렌티우스베르크)
	Krone(크로네)
Kasel(카젤)	Nieschen(니어셴)
	Kehrnagel(케르나겔)
	Hitzlay(히츨라이)

✳ 라인가우(Rheingau)

마을 이름	포도밭 이름
Hochheim(호흐하임)	Domdechaney(돔데하나이)
	Königin Victoriaberg(퀘니긴 빅토리아베르크)
	Kirchenstück(키르헨스튁크)
	Daubhaus(다웁하우스)
Eltville(엘트빌레)	Sonnenberg(존넨베르크)
	Taubenberg(타우벤베르크)
	Sandgrub(잔트그루브)
	Steinmächer(슈타인멕허)
Rauenthal(라우엔탈)	Baiken(바이켄)
	Steinmächer(슈타인멕허)
	Wülfen(뷜펜)
	Gehrn(게른)
Kiedrich(키드리히)	Wasserrose(바서로제)
	Sandgrub(잔트그루브)
Erbach(에어바흐)	Marcobrunn(마르코부룬)
	Steinmorgen(슈타인모르겐)
Hallgarten(할가르텐)	Schönhell(쉰헬)
	Hendelberg(헨델베르크)
Hattenheim(하텐하임)	Steinberg(슈타인베르크)
	Mannberg(만베르크)
	Wisselbrunnen(비셀브루넨)
	Nussbrunnen(누스브루넨)
	Deutelsberg(도이텔스베르크)
Oestrich(외스트리히)	Lenchen(렝헨)
	Doosberg(도스베르크)
	Schloss Rheichhartshausen
	(쉴로스 라이히하르츠하우젠)

Winkel(빈켈)	Schloss Vollrads(쉴로스 폴라츠)
	Hasensprung(하센스프룽)
Johannisberg(요하니스베르크)	Schloss Johannisberg(쉴로스 요하니스베르크)
	Klaus(클라우스)
	Erntebringer(에른터브링어)
	Hölle(휄러)
Geisenheim(가이젠하임)	Schloss Garten(쉴로스 가르텐)
	Rothenberg(로텐베르크)
	Kläuserweg(클로이저베그)
Rüdesheim(뤼데스하임)	Berg Rottland(베르크 로트란트))
	Berg Roseneck(베르크 로젠엑)
	Berg Schlossberg(베르크 쉴로스베르크)
	Bischofberg(비쇼프베르크)
	Burgweg(부르그베그)

✽ 라인헤센(Rheinhessen)

13개 지역 중 면적이 가장 크고, 수출량의 1/3을 차지하며, 유명한 립프라우밀히 (Liebfraumilch) 와인의 60 % 이상을 생산한다. 다음은 라인헤센의 유명한 마을과 포도 밭 이름이다.

마을 이름	포도밭 이름
Ingelheim(인겔하임)	Schlossberg(쉴로스베르크)
Nierstein(니어슈타인)	Gutes Domtal(쿠테스 돔탈)
	Spiegelberg(슈피겔베르크)
	Hipping(히핑)
	Orbel(오르벨)
	Pettenthal(페텐탈)
	Hölle(휄러)
	Olberg(올베르크)

Oppenheim(오펜하임)	Krötenbrunnen(크뢰텐브룬넨)
	Herrenberg(헤렌베르크)
	Sackträger(자크트레거)
	Daubhaus(다웁하우스)

이탈리아 와인

✱ 유명 DOCG(24개 중)

마을	주명
Barolo	Piemonte
Barbaresco	Piemonte
Asti	Piemonte
Chianti	Toscana
Chianti Classico	Toscana
Brunello di Montalcino	Toscana
Vino Nobile di Montepultiano	Toscana
Franciacorta	Lombardia
Recioto di Soave	Veneto
Soave Superiore	Veneto
Soave Classico Superiore	Veneto

✱ 주별 DOC, DOCG

주명	주요DOC, DOCG
Piemonte	Barolo, Barbaresco, Barbera d'Asti, Barbera d'Alba
	Dolcetto d'Asti, Dolcetto d'Alba, Asti, Cortese di Gavi
	Langhe

Lombardia	Terre di Franciacorta, Franciacorta
Veneto	Valpolicella, Soave, Bardolino
Toscana	Chianti, Chianti Classico, Brunello di Montalcino
	Vino Nobile di Montepultiano, Bolgheri
Lazio	Est! Est!! Est!!!
Lazio	Frascati
Sicilia	Marsala Fine : 숙성 1년 이상 Superiore : 숙성 2년 이상

✳ 유명 와인과 생산자

생산자	와인명	지역
A. GAJA	Barolo Spress	Barolo, Piedmont
A. GAJA	Barbaresco, Soli Tildin	Barbaresco, Piedmont
Ceretto	Barolo Bricco Rocche	Barolo, Piedmont
P. ANTINORI	Solaia	Chianti Toscana
Tenuta dell Ornellaia (L. ANTINORI)	Masseto	Bolgheri, Toscana
Tenuta SAN GUIDO	Sassicaia	Barbaresco, Piedmont
Biondi SANTI	Brunello di Montalchino	Montalchino, Toscana
Ca'del BOSCO	Chardonnay	Franciacorta, Lombardia

✳ 토스카나의 유명 메이커

- 안티노리(Antinori): 이탈리아 와인의 질을 부활시킨 가족

- 비온디 산티(Biondi-Santi): 이탈리아에서 가장 비싼 와인 중 하나로 브루넬로 디 몬탈치노가 유명

- 카스텔로 비키오마조(Castello Vicchiomaggio): 키안티 클라시코로 유명

- 프레스코발디(Frescobaldi): 13세기부터 포도를 재배

- 멜리니(Melini): 루피노와 안티노리에 이어 세 번째로 큰 키안티 메이커

- 포지오 안티코(Poggio Antico): 브루넬로 디 몬탈치노를 대표하는 와인

- 루피노(Ruffino): 전통적인 피아스코에 들어있는 키안티와 키안티 리제르바가 유명

- 빌라 반피(Villa Banfi): 브루넬로 디 몬탈치노와 카스텔로 반피(Castello Banfi)가 유명

✳ 피에몬테의 유명 메이커

- 안젤로 가야(Angelo Gaja): 바르바레스코를 최고의 와인으로 만든 피에몬테의 왕자

- 브라이다 디 자코모 볼로냐(Braida di Giacomo Bologna): 바르베라를 보르도 스타일로 가장 잘 만드는 메이커

- 브루노 자코사(Bruno Giacosa): 단일 포도밭에서 나오는 바롤로와 바르바레스코 유명

- 체레토(Ceretto): 혁신적인 방법으로 와인 제조

- 폰타나프레다(Fontanafredda): 최고의 바롤로를 생산

- 자코모 콘테르노(Giacomo Conterno): 오래 숙성되는 바롤로가 유명

- 이카르디(Icardi): 수율을 줄이고, 최신 기술을 도입하여 양질의 와인 생산

- 파올로 스카비노(Paolo Scavino): 바롤로가 유명

- 피오 체자레(Pio Cesare): 고전적인 스타일의 바롤로, 바르바레스코 유명

- 로베르토 보에르치오(Roberto Voerzio): 현대적인 스타일의 바롤로 생산

- 라 스피네타(La Spinetta): 모스카토 다스티로 시작하여 바르바레스코, 바롤로 등을 선보여 호평을 받고 있는 신흥 메이커

- 비에티(Vietti): 유명한 화가의 그림을 상표에 넣고, 바롤로, 바르베라가 유명

스페인 와인

✳ 스페인 주요 DO & DOC

지방명	DO 38개, DOC 1개	주요품종과 특징
Nordeste (Catalonia)	Penedes	• 근대 양조기술의 중심지
지중해 바르세로나 인근지역	* Cava	• 발포성 포도주 명산지
Ebro 리호하강 지류	Rioja Rioja Alta Rioja Alavesa Rioja Baja	• 스페인 제일의 명산지 • 전 생산량중 3/4이 적포도주 • 1870년 보르도 이민자들에 의해 개발
	Navarra	근년들어 주목받는 지역
Castilla-Leon	Ribera del Duero	스페인 최고의 와인 생산
Centro	La Mancha	스페인 최대 재배지로 전 생산량의 1/2생산
Andalucia	Jerez=Xeres=Sherry	주정강화 와인인 Sherry

미국 와인

✻ 캘리포니아의 주 포도주산지

지역명		County (군명)	
Northcoast		Lake	
		Sonoma	고급 포도주 산지
		Napa	
Central Coast	Bay Area	San Mateo	
		Santa Clara	
	North Central Coast	Santa Cruz	
		Monterey	
	South Central Coast	San Luis Obispo	
		Santa Barbara,	
Central Valley		Sacramento	
		San Joaquin	최대 포도주 산지
		Merced	
		Fresno	
Sierra Foothills		Yuba	
		El Dorado	
		Amador	
South Coast		San Bernardino	
		Riverside	
		Orange	

✻ 캘리포니아의 유명메이커

- 나파 카운티 : Beaulieu Vineyard, Caymus, Clos Du Val, Chateau Montelena, Heitz, Inglenook, Louis Martini, Robert Mondavi, Stag's Leap Wine Cellar, Beringer, Joseph

Phelps Vineyards, Rutherford, Domaine Chandon(스파클링 와인)

- 소노마 카운티 : Buena Vista, Chateau St. Jean, Kenwood, Sebastiani, Jordan

호주 와인

❋ 주요 와인산지

주명	지역명	주요품종및 특징
SouthAustralia 중심도시 : 아드레이드 전 호주의 52% 생산	Barossa Valley	최고품질의 생산
	Clare Valley	
	Adelaide Hill	
	Coonawarra	
	River Land	
New Southwales 중심도시 : 시드니 전 호주의 30% 생산 호주와인 발상지	Lower Hunter Valley Upper Hunter Valley	
Victoria 중심도시 : 멜버른 전 호주의 17%	Western Districts Yarra Valley	
Western Australia 중심도시 : 퍼스 전 호주의 1.7%	Swan Valley Margaret River	점점 생산량이 증대되는 지역

❋ 유명 와인 생산자

Penfolds, Lindeman, Jacob's Creek, Hardy, Wolfblass, Orlando, Rosemount, Wyndham Estate, Henschke, Petaluma

부록B. 와인능력검정시험

(한국직업능력개발원 등록 제2013-1461호)

• 취지

아직까지 우리나라에서는 소믈리에 이외의 와인관련 직종에 종사하는 분들의 와인지식에 대한 정당한 평가를 할 수 있는 기회가 없었습니다. 이에 '한국와인협회'와 '한국능력교육개발원'에서 보다 수준 높고, 외국의 것이 아니고 국내 와인업계 현실에 적합한 '와인능력검정시험'을 시행하여 와인업계 종사자들의 실력과 업무능력을 향상시키고자 합니다. 이 시험제도는 토플이나 토익과 같이 동일한 시험문제를 출제하여 수험자에게만 등급을 공개하는 인증서를 발급합니다. 즉 와인지식을 등급으로 나타내어, 객관적인 자료로 삼을 수 있는 제도를 정착시키고자 합니다.

• 수험 대상자

- 소믈리에
- 해당 학과 교수 및 강사
- 와인수입 및 유통업체 종사자
- 와인 마니아

• 와인능력검정시험의 특성

- 자격 유무나 합격·불합격을 가르는 시험이 아닌 능력을 인증하는 와인지식 평가제도
- 외국의 것이 아닌 우리나라 현실에 적합한 문제로 구성
- 암기 위주의 문제보다는 기본을 알고 응용해야 풀 수 있는 수준 높은 문제로 구성
- 와인지식 뿐 아니라 문화, 예술 분야의 상식과 주세법, 식품위생법, 영문시험까지 출제

• 전망

외식문화의 발달과 더불어 조금은 거리감이 있었던 과거와 달리 와인에 대한 선호도와 관심이 높은 지금, 와인능력검정은 급수에 따라 그 활용 범위를 달리할 수 있겠으나, 소믈리에를 포함하여, 와인수입업체 임직원, 와인 판매직, 애호가전문가 등 모든 사람

을 응시 대상자로 하여 기본이론, 관련법제, 영문 등 종합지식을 측정하는 것으로, 와인이 존재하는 곳(호텔, 레스토랑, 와이바 등)이면 어디든 활용가능 한 유망한 자격

• **자격의 활용분야**

호텔, 레스토랑, 와인바, 와인수입업체, 와인유통업체, 각 대학의 와인관련학과 교수 등의 지원 및 채용은 물론, 와인업계의 직원들의 와인지식의 측정 및 향상, 학생이나 애호가의 객관적인 와인 실력을 입증할 수 있는 자료로서 활용

• **문항 비율 및 배점(100문제 500점 만점)**

- 와인의 개요 : 5문제×6점/문제 = 30점
- 포도재배 및 양조 : 10문제×8점/문제 = 80점
- 세계 각국의 와인 : 60문제×4점/문제 = 240점
- 와인 관능검사 및 서비스 : 10문제×5점/문제 = 50점
- 기타 주류 및 관련법규 : 10문제×5점/문제 = 50점
- 영문 시험 : 5문제×10점/문제 = 50점

• **급수 및 수준**

급수	난이도	문항수	합격점수(환산점수)	수준
1급	上	100	450 이상	와인관련학과 교수 및 강사, 와인학원 강사로서 와인교육이 가능한 수준
2급		100	400-449	와인지식의 뛰어난 활용능력을 가지고 마케팅, 직원 교육 등 관리자로서 교육이 가능한 수준
3급	中	100	350-399	와인지식에 관한 활용능력을 가지고 일반 관리자로서 원활한 업무 수행이 가능한 수준
4급		100	300-349	와인수입 및 유통업체, 외식업체 등에서 와인의 선택 및 접대 등 고객 상대 업무가 가능한 수준
5급	下	100	250-299	와인수입 및 유통업체, 외식업체 등에서 와인지식을 무난하게 해당업무에 활용할 수 있는 수준
6급		100	200-249	와인수입 및 유통업체의 영업 업무에 활용할 수 있는 수준

와인의 개요 (5문제×6점/문제 = 30점)

01. 다음 중 '단발효주'에 해당되는 술은?

① 맥주
② 메스칼(Vino mezcal)
③ 압상트(Absinthe)
④ 샤르트뢰즈(Chartreuse)
⑤ 미드(Mead)

02. 프랑스, 이탈리아를 제외한, 다음 여러 나라의 와인 생산량이 많은 순위대로 나열한 것 중에서 옳은 것은?

① 칠레 - 스페인 - 포르투갈 - 미국
② 스페인 - 미국 - 아르헨티나 - 오스트레일리아
③ 미국 - 칠레 - 오스트레일리아 - 아르헨티나
④ 아르헨티나 - 미국 - 스페인 - 칠레
⑤ 포르투갈 - 아르헨티나 - 칠레 - 스페인

03. 다음 와인의 역사적 사건 중에서 가장 최근에 일어난 것은?

① 프랑스 INAO 설립
② 유리병과 코르크 사용
③ 유럽에 필록세라 전파
④ 파스퇴르 저온살균법 고안
⑤ 미국의 금주령

04. 알코올 농도 12도인 드라이 와인(Dry Wine) 750 ㎖ 1병에서 몇 칼로리가 나오는가?

① 약 400 칼로리
② 약 500 칼로리
③ 약 600 칼로리
④ 약 700 칼로리
⑤ 0 칼로리

05. 고대 로마 황제로서 서기 92년 로마에서는 더 이상 포도를 심지 못하게 하고, 프랑스를 비롯한 속국의 포도나무를 절반 이상 뽑아버리도록 명령한 사람은?

① 아우구스투스(Augustus)
② 카이사르/시저(Caesar)
③ 칼리굴라(Caligula)
④ 네로(Nero)
⑤ 도미티아누스(Domitianus)

포도재배 및 양조 (10문제×8점/문제 = 80점)

06. 다음의 기후와 토양에 대한 설명 중에서 옳지 않은 것은?

① '테루아르(Terroir)'란 원래는 "촌스럽다.", "흙냄새 난다." 등의 의미로 사용되었다.
② 포도재배에서 '미기후(Micro climate)'란 보통 지면에서 위로 1.5 m까지의 기후로서 해당 포도밭이나 포도나무의 기후를 말한다.
③ 경사진 포도밭이 좋은 이유는 햇볕의 조사 각도가 커지므로 햇볕을 더 많이 받을 수 있기 때문이다.
④ 토양의 수분함량이 많으면, 포도알이 커지고, 숙기가 늦어지며, 병충해 발생이 쉽다.
⑤ 캘리포니아 주립대학에서 분류한 '적산온도(Degree days)'란 포도 잎이 나올 때부터 잎이 질 때까지 평균 기온을 합한 수치를 말한다.

07. '클론(Clone)'에 대한 설명으로 옳지 않은 것은?

① 피노 누아(Pinot Noir), 산조베제(Sangiovese) 등은 다른 품종보다 클론이 아주 많다.

② 우리나라에 와인용 포도를 심으려면, 우리 풍토에 맞는 클론 선택을 잘 해야 한다.

③ 드물게 나타나는 유용한 클론을 선발하여 육종하면 품종을 개량시킬 수 있다.

④ 오랜 번식세대를 거치는 동안 돌연변이에 의한 변이가 발생하여 누적된 것이다.

⑤ 유전자재조합으로 탄생한 새로운 우수한 품종을 일컫는 말이다.

08. '담수관개(Flood irrigation)'란?

① 작은 관에 물을 보내면서 원하는 지점에 원하는 양만 떨어지도록 관개하는 방법

② 관개수로나 살수기(Sprinkler) 등을 이용하여 포도밭 전면에 관개하는 방법

③ 홍수 때 웅덩이나 탱크 등에 다량의 빗물을 저장하여 서서히 흘려보내면서 관개하는 방법

④ 포도밭에 관을 묻어서 땅 속에서 원하는 일정량을 관개하는 방법

⑤ 인공관수를 하지 않고, 강우에 의존하여 자연스럽게 관개하는 방법

09. 다음 중 포도재배와 일조량의 관계를 설명한 것 중에서 옳지 않은 것은?

① 햇볕을 많이 받으면 광합성이 잘 일어나 포도당을 많이 합성한다.

② 햇볕을 많이 받으면 타닌과 안토시아닌이 함량이 증가한다.

③ 햇볕은 피망 향과 비슷한 '피라진(Pyrazine)' 향을 감소시킨다.

④ 햇볕을 많이 받으면 바람직한 향이 증가하고 풋내가 사라진다.

⑤ 햇볕을 많이 받으면 주석산보다는 사과산 함량이 많아진다.

10. 포도 품종은 국가나 지방에 따라 명칭이 달라질 수 있는데, 다음 중에서 동일한 품종끼리 묶음이 아닌 것은?

① 위니 블랑(Ugni Blanc) - 생테밀리용(Saint-Emilion)

② 피노 누아(Pinot Noir) - 슈페트부르군더(Spätburgunder)

③ 말베크(Malbec) - 오세루아(Auxerrois)

④ 타나(Tannat) - 코(Cot)

⑤ 소비뇽 블랑(Sauvignon Blanc) - 블랑 퓌메(Blanc Fumé)

11. 다음 알코올 발효에 대한 설명 중 옳지 않은 것은?

① 효모는 공기가 충분하면 알코올발효보다는 생육과 번식을 잘 한다.

② 어떤 포도를 사용하든 알코올발효 후 와인의 알코올 농도는 16% 이상 나오기 어렵다.

③ 머스트의 당도가 25브릭스 이상으로 너무 높을 경우는 효모의 생육이 방해받는다.

④ 굴절당도계로 측정한 머스트의 당도가 18 브릭스일 경우, 발효가 완전히 끝나면 알코올 농도는 약 10 % 정도 된다.

⑤ 알코올발효 중에는 공기가 약간만 들어가도 발효가 중단되므로, 알코올발효 중에는 철저하게 공기를 차단시켜야 한다.

12. 다음 와인 양조 시 사용하는 아황산에 대한 설명 중 옳지 않은 것은?

① 아황산은 알코올발효 전에 첨가하고, 저장 중에도 함량이 감소했을 때 첨가할 수 있다.

② 아황산이 들어가면 알코올발효 중 색깔이나 타닌 등의 성분 추출이 더 잘 된다.

③ 효모는 아황산에 어느 정도 내성이 있지만, 박테리아는 치명적이다.

④ 우리나라의 경우, 와인에서 아황산 함량의 기준은 350 ppm 이하이다.

⑤ 알코올발효 후 '말로락트 발효(Malolactic fermentation)'를 진행시키려면, 아황산을 첨가하여 남아있는 효모를 제거해야 한다.

13. 당도 14브릭스인 포도주스 10㎏의 당도를 24브릭스로 조절하려면 설탕을 얼마나 첨가해야 하나?

① 약 0.3 kg ② 약 1.3 kg

③ 약 2.3 kg ④ 약 5 kg

⑤ 약 10 kg

14. 다음 용어 중에서 레드와인 양조 시 포도의 껍질에서 보다 많은 성분을 추출하기 위해서 하는 일이 아닌 것은?

① 르몽타주(Remontage)

② 캡 매니지먼트(Cap Management)

③ 펌핑 오버(Pumping over)

④ 쉬르 리(Sur lie)

⑤ 펀칭(Punching)

15. 레드 '벌크와인(Bulk wine)' 숙성 중에 일어나는 변화에 해당되지 않은 것은?

① 선명한 색깔이 사라지고, 약간 갈색 계통의 색조가 보이기 시작한다.

② 안토시아닌이 타닌과 결합한다.

③ 초산에틸(Ethyl acetate)과 같은 에스터(Ester)가 감소한다.

④ 포도에 있는 기존 성분과 발효 후 생성된 신규 성분의 조화가 일어난다.

⑤ 복합적인 맛과 향이 생성된다.

세계 각국의 와인 (60문제×4점/문제 = 240점)

16. 다음 프랑스의 '원산지명칭(AO)'에 대한 설명 중 옳지 않은 것은?

① 원산지명칭(AO)을 관장하는 기구는 INAO이다.

② AOC(Appellation d'Origine Contrôlée)에서 AOP(Appellation d'Origine Protegée)로 변경 중에 있다.

③ INAO는 AOC/AOP, VDQS, 뱅 드 페이(Vins de Pays)/IGP, 뱅 드 타블(Vins de Table)/뱅 드 프랑스(Vin de France)까지 모든 와인을 관리한다.

④ 지정된 단위면적당 수확량을 20 % 초과하여 와인을 만들 경우는, 증류하여 브랜디를 만들어야 한다.

⑤ 원산지명칭(AO)은 행정구역과 관계없이 '테루아르(Terroir)'를 중심으로 그 지리적 경계를 정한다.

17. 다음 프랑스 와인에 대한 설명 중 옳지 않은 것은?

① 머스트의 당도가 부족할 경우 정해진 범위 내에서 설탕을 첨가할 수 있다.

② 샹파뉴 등 내륙 지방은 대륙성 기후로 여름이 짧고 건조하고, 겨울이 아주 춥다.

③ 농산물 중에서 와인이 차지하는 비율이 10 % 이다.

④ 프랑스에서 와인을 가장 많이 생산하는 곳은 '랑그도크루시용(Languedoc-Russillon)' 지방이다.

⑤ 연간 1인당 와인 소비량은 약 100병 정도다.

18. 다음 중 프랑스 와인 역사에서 가장 오래된 사건은?

① 지롱드 지방에서 '그랑 크뤼 클라세(Grands Crus Classés)' 제정

② INAO 설립

③ 보르도에서 필록세라 발견

④ 루이 파스퇴르(Louis Pasteur)가 알코올 발효의 생물학적인 면을 규명

⑤ 원산지를 속이는 가짜 와인이 나돌자, 위조 방지위원회를 설립

19. 보르도 지방의 '무통 로트칠드(Ch. Mouton-Rothschild)'에서 나오는 고급 화이트와인 '엘 다르장(Aile d'Argent)'의 원산지명칭(AO)의 표기는?

① Appellation Bordeaux Contrôlée

② Appellation Médoc Contrôlée

③ Appellation Haut-Médoc Contrôlée

④ Appellation Pauillac Contrôlée

⑤ Appellation Pauillac Blanc Contrôlée

20. 다음 샤토 중에서 '그랑 크뤼 클라세(Grand Cru Classé. 1855년)'의 2등급 샤토가 아닌 것은?

① 코스 데스투르넬(Ch. Cos d'Estournel)

② 보이드캉트냐크(Ch. Boyd-Cantenac)

③ 뒤르포르비방(Ch. Durfort-Vivens)

④ 라스콩브(Ch. Lascombes)

⑤ 레오빌 바르통(Ch. Léoville-Barton)

21. 다음 샤토 중에서 원산지명칭(AO)이 '오 메도크(Haut-Médoc)'인 것은?

① 랑고아바르통(Ch. Langoa-Barton)

② 코스 라보리(Ch. Cos Labory)

③ 라그랑주(Ch. Lagrange)

④ 라 투르 카르네(Ch. La Tour Carnet)

⑤ 칼롱세귀르(Ch. Calon-Ségur)

22. 다음 '그라브(Grave) 지방' 샤토 중에서 레드 와인과 화이트와인 모두 '크뤼 클라세 드 그라브(Crus Classée de Graves)'에 속한 것은?

① 카르보니외(Ch. Carbonnieux)

② 오 브리옹(Ch. Haut-Brion)

③ 스미스 오 라피트(Ch. Smith Haut Lafite)

④ 쿠앵 루르통(Ch. Couhins-Lurton)

⑤ 피외잘(Ch. de Fieuzal)

23. 다음 중 생테밀리옹(Saint-Emilon)의 '프르미에르 그랑 크뤼 클라세(Premièrs Grands Crus Classès)' A급에 속하지 않은 샤토는?

① 앙젤뤼스(Ch. Angélus)

② 오존(Ch. Ausone)

③ 슈발 블랑(Ch. Cheval Blanc)

④ 파비(Ch. Pavie)

⑤ 피자크(Ch. Figeac)

24. 다음 샤토 중에서 원산지명칭(AO)이 '포므롤(Pomerol)'이 아닌 것은?

① 드 살르(Ch. de Sales)

② 클로 르네(Clos-René)

③ 비유 샤토세르탕(Vieu Château-Certan)

④ 트리물레(Ch. Trimoulet)

⑤ 트로타누아(Ch. Trotanoy)

25. '소테른(Sauternes)'에서 보트리티스(Botrytis) 곰팡이가 낀 포도로 스위트 화이트와인을 만들 수 있는 자연 조건에 가장 관련이 있는 두 개의 강이 짝지어 진 것을 다음에서 고른다면?

① 가론(Garonne) 강 - 도르도뉴(Dordogne) 강
② 가론(Garonne) 강 - 시롱(Ciron) 강
③ 지롱드(Gironde) 강 - 가론(Garonne) 강
④ 지롱드(Gironde) - 도르도뉴(Dordogne) 강
⑤ 도르도뉴(Dordogne) 강 - 시롱(Ciron) 강

26. 다음 부르고뉴 지방의 등급에 대한 설명 중에서 옳지 않은 것은?

① '빌라주 혹은 코뮌 명칭(Les Appellation Communales, Village wine) 와인'은 마을 명칭이 원산지명칭(AO)으로 상표에 표기된다.
② '프르미에 크뤼(Les Appellations Premier Crus) 와인'의 원산지명칭(AO)에는 마을 명칭 다음에 프르미에 크뤼(Premier Cru)라고 표시한다.
③ 원산지명칭(AO)이 'Appellation Bourgogne Haute-Côtes de Nuits'라고 되어 있으면 부르고뉴 와인 등급 중 '광역명칭 와인(Les Appellations Régionales)'에 해당된다.
④ '빌라주 혹은 코뮌 명칭(Les Appellation Communales, Village wine) 와인' 중에서 단일 포도밭에서 나온 것은 상표에 포도밭 명칭만 을 표기한다.
⑤ '그랑 크뤼(Grands Crus) 와인'은 상표에 '그랑 크뤼(Grands Cru)'라는 표기를 한다.

27. 다음 중 '샤블리 그랑 크뤼(Chablis Grand Cru)' 포도밭이 아닌 곳은?

① 보데지르(Vaudésir)
② 부그로(Bougros)

③ 레 프뢰즈(Les Preuses)
④ 바이용(Vaillons)
⑤ 발뮈르(Valmur)

28. 부르고뉴 지방의 고급 와인인 '클로 드 부조(Clos de Vougeot)'의 원산지명칭(AO) 표기는 다음 중 어느 것인가?

① Appellation Vougeot Contrôlée
② Appellation Clos de Vougeot Contrôlée
③ Appellation Bourgogne Grand Cru Contrôlée
④ Appellation Vougeot Grand Cru Contrôlée
⑤ Appellation Grand Cru Contrôlée

29. 다음 부르고뉴 지방의 코트 드 뉘(Côte de Nuits)에 있는 마을 중에서 가장 북쪽에 있는 것은?

① 제브레 샹베르탱(Geverey-Chambertin)
② 모레 생드니(Morey-St-Denis)
③ 샹볼 뮈지니(Chambolle-Musigny)
④ 부조(Vougeot)
⑤ 플라제 에셰조(Flagey-Echézeaux)

30. 다음 부르고뉴의 원산지명칭(AO) 중에서 화이트와인인 것은?

① 라 그랑드 뤼(La Grande-Rue)
② 클로 드 타르(Clos de Tart)
③ 코르통 샤를마뉴(Corton-Charlemagne)
④ 본 마르(Bonnes Mares)
⑤ 샹베르탱(Chambertin)

31. 다음 중 '본 로마네(Vosne—Romanée)' 마을의 그랑 크뤼(Grand Cru)가 아닌 것은?

① 로마네 생 비방(Romanée-St-Vivant)

② 그랑 데세조(Grands Echézeaux)

③ 리슈부르(Richebourg)

④ 라 그랑드뤼(La Grande-Rue)

⑤ 라 로마네(La Romanée)

32. 다음 부르고뉴 지방 와인에 대한 설명 중에서 옳지 않은 것은?

① '샤블리 그랑 크뤼(Chablis Grand Cru)'는 1개의 원산지명칭(AO)을 가지고 있다.

② '뉘이 생조르주(Nuits St-George)' 마을에는 그랑 크뤼(Grand Cru) 포도밭이 없다.

③ '로마네 콩티(Romanée-Conti)'는 부르고뉴 지방의 그랑 크뤼(Grand Crus) 중 포도밭 면적이 가장 작다.

④ '코르통 샤를마뉴(Corton-Charlemagne)' 포도밭에서 피노 누아(Pinot Noir)를 재배하여 만든 레드와인의 원산지명칭(AO)은 '코르통(Corton)'이 된다.

⑤ 'Appellation Flagey-Echézeaux Contrôlée'라는 표기는 존재하지 않는다.

33. 다음 중 '로마네 콩티'(Romanée—Conti) 바로 남쪽에 붙어있는 포도밭은?

① 라 그랑드 뤼(La Grande Rue)

② 라 타슈(La Tâche)

③ 리슈부르(Richebourg)

④ 라 로마네(La Romanée)

⑤ 로마네 생 비방(Romanée-St-Vivant)

34. 다음 부르고뉴 지방 와인에 대한 설명 중에서 옳은 것은?

① '퓔리니 몽라셰(Puligny-Montrachet)' 마을에서는 화이트와인만 인정된다.

② '몽라셰(Montrachet)'는 '모노폴(Monopole)'이다.

③ '본 로마네(Vosne-Romanée)'는 '뉘 생조르주(Nuits St-George)' 남쪽에 있다.

④ '샤사뉴 몽라셰(Chassagne-Montrachet)'라는 원산지명칭(AO)은 레드와인도 생산한다.

⑤ 보졸레(Beaujolais) 지방 등에서 사용하는 양조법인 '마세라시옹 카르보니크(Macération Carbonique)'란 탄소를 첨가하여 포도를 발효시키는 방법이다.

35. 다음 중 샹파뉴 지방 포도의 특성에 해당되지 않는 사항은?

① 겨울이 춥고, 봄에 서리가 잘 내린다.

② 포도가 천천히 익으며, 산도가 높고 pH가 낮다.

③ 화이트와인용 품종보다는 레드와인용 품종이 더 많다.

④ 백악질 토양으로 유기질 성분이 많아서 토양이 비옥한 편이다.

⑤ 포도나무를 낮게 재배한다.

36. 다음 샴페인 제조과정 중에서, 이스트 찌꺼기와 접촉하면서 샴페인 고유의 '토스트 향'을 얻게 되는 과정은?

① 아상블라주(Assemblage)

② 도자주((Dosage)

③ 르뮈아주(Remuage)

④ 티라주(Tirage)

⑤ 세주르 엉 캬브(Séjour en Cave)

37. 샹파뉴 지방의 원산지명칭(AO)에 대한 설명 중 옳지 않은 것은?

① 샹파뉴 지방에서 생산된 스파클링 와인만

'샹파뉴(Champagne)'라고 부른다.

② 샹파뉴 지방에서 스파클링 와인이 아닌 '스틸 와인(Still wine)'을 만들었을 때 원산지명칭(AO)은 '코토 샹프누아즈(Coteaux Champenois)'가 된다.

③ 원산지명칭(AO)이 '로제 드 리세(Rosé de Riceys)'라고 되어 있으면 로제 샴페인을 가리킨다.

④ 샴페인은 모두 '메토드 샹프누아즈(Méthode Champenoise)'로 만들어야 한다.

⑤ 'Appellation Champagne Contrôlée' 표기를 생략하고 단순히 '샹파뉴(Champagne)'라고 표시하면 된다.

38. 샴페인의 당도 조절은 다음 중 어느 제조과정에서 할까?

① 두시엠 페르망타시옹(Deuxième Fermentation)

② 아상블라주(Assemblage)

③ 티라주(Tirage)

④ 도자주(Dosage)

⑤ 르뮈아주(Remuage)

39. 다음 원산지명칭(AO)중에서 하나의 업체가 그 포도밭을 단독으로 차지하고 있는 것이 아닌 것은?

① 라 그랑드 뤼(La Grande Rue)

② 그랑데세조(Grands-Echézeaux)

③ 샤토 그리에(Château Grillet)

④ 샤브니에르 쿨레 드 세랑(Savenniéres Coulée-de-Serrant)

⑤ 클로 드 타르(Clos de Tart)

40. 다음 론(Rhône) 지방 원산지명칭(AO) 중에서 북부 론 지방에 속한 것은?

① 바케라(Vacqueyras)

② 리라크(Lirac)

③ 뮈스카 드 봄드브니스(Muscat de Beaumes-de-Venise)

④ 코르나스(Cornas)

⑤ 지공다스(Gigondas)

41. 다음 루아르(Loire) 지방의 원산지명칭(AO) 중에서 가장 동쪽에 있는 것은?

① 시농(Chinon)

② 뮈스카데(Muscadet)

③ 푸이 퓌메(Pouilly-Fumé)

④ 부브레(Vouvray)

⑤ 로제 덩주(Rosé d'Anjou)

42. 다음 알자스(Alsace) 와인에 대한 설명 중 잘못된 것은?

① 로마시대부터 포도를 재배하였다.

② 독일의 영향을 많이 받아서, 주로 스위트 와인을 만든다.

③ 대부분 상표에 원산지명칭(AO)을 '알자스'로 표시하고, 품종을 표시한다.

④ 레드와인은 주로 '피노 누아(Pinot Noir)'로 만든다.

⑤ 포도밭은 보주 산맥을 따라 남북으로 150 km에 걸쳐 있다.

43. 프랑스 남서부(Sud-Ouest) 지방의 원산지명칭(AO) '마디랑(Madiran)'에서 사용되는 주품종은?

① 타나(Tannat)

② 말베크(Malbec)

③ 페르 세르바두(Fer Servadou)

④ 카베르네 소비뇽(Cabernet Sauvignon)

⑤ 네그레트(Négrette)

44. 다음 원산지명칭(AO)중에서 랑그도크루시용(Languedoc-Roussillon) 지방에 있는 것은?

① 코르비에르(Corbiéres)

② 크레피(Crépy)

③ 아작시오(Ajaccio)

④ 방돌(Bandol)

⑤ 베르즈라크(Bergerac)

45. 다음 이탈리아 와인에 대한 설명 중에서 옳지 않은 것은?

① 16세기 프랑스의 프랑수아 1세의 둘째 아들 '앙리 오를레앙'과 정략 결혼하면서, 이탈리아의 테이블 매너와 요리 등을 프랑스에 전파한 여인은 카트린 드 메디치(Catherine de Medicis)다.

② 기원전 1,000년경에 이탈리아 반도에 처음으로 정착하여 알파벳을 만들고 신화를 도입하면서 지금의 토스카나 지방에서 최초로 포도를 재배한 민족은 라틴(Latin)족이다.

③ '키안티(Chianti)'는 19세기 중반에 '리카솔리(Risoli)' 남작이 고안한 품종별 혼합비율을 바탕으로 1967년 원산지명칭(DO)과 그 규정을 정하게 된 와인이다.

④ 프랑스의 '보졸레 누보'와 같이 햇 와인으로 출시되는 와인을 이탈리아 와인에서는 '비노 노벨로(Vino Novello)'라고 한다.

⑤ 원산지명칭 '몬테풀치아노 다브루초(Montepulciano d'Abruzzo)'에서 '몬테풀치아노' 는 포도 품종을 말한다.

46. 다음 중 '토스카나(Toscana)' 지방의 와인이 아닌 것은?

① 볼게리(Bolgheri)

② 티냐넬로(Tignanello)

③ 카르미냐노(Carmignano)

④ 오르넬라야(Ornellaia)

⑤ 게메(Ghemme)

47. 다음 이탈리아 와인의 명칭과 그 와인이 생산되는 지방이 올바르게 연결된 것은?

① 아스티(Asti) - 토스카나(Toscana)

② 발폴리첼라(Valpolicella) - 베네토(Veneto)

③ 오르넬라야(Ornellaia) - 피에몬테(Piemonte)

④ 아마로네(Amarone) - 에밀리아로마냐(Emilia-Romagna)

⑤ 가비(Gavi) - 시칠리아(Sicilia)

48. '슈퍼 투스칸(Super Tuscans)'이 나오게 된 배경으로서 다음 사항 중 옳지 않은 것은?

① 당국이 책정한 와인 관련 규정에 업자들이 반발하여 자율적으로 만들게 되었다.

② 토스카나(Toscana) 지방의 와인으로 비교적 고가에 팔리는 와인이다.

③ 카베르네 소비뇽(Cabernet Sauvignon) 등 프랑스 품종을 사용하는 것이 많다.

④ 사시카야(Sassicaia), 티냐넬로(Tignanello) 등의 예를 들 수 있다.

⑤ 토스카나 지방의 DOC 및 DOCG 와인 중에서 영국의 기자들이 선정한 와인이다.

49. 다음 중 '키안티 클라시코(Chianti Classico)'에 허용된 품종이 아닌 것은?

① 산조베제(Sangiovese)
② 카나욜로(Canaiolo)
③ 시라(Syrah)
④ 말바지아(Malvasia)
⑤ 카베르네 소비뇽(Cabernet Sauvignon)

50. 다음 중에 '피에몬테(Piemonte)' 지방 와인의 특성을 묘사한 것이 아닌 것은?

① 토스카나 지방에 비해 비교적 소규모 업자들이 가족 경영 형식으로 생산한다.
② 레드와인보다는 화이트와인(특히 스파클링 와인) 생산량이 훨씬 더 많다.
③ 바롤로, 바르바레스코 등 고급 와인을 만드는 만큼, 진지하고 부지런한 태도로 와인을 만든다.
④ 대륙성 기후로서 겨울은 매우 춥고 길며, 여름은 덥고 건조하며, 가을과 겨울에 안개가 많다.
⑤ 화이트 트러플(Tartufi bianchi)이 많이 나오며, 이는 이 지역 와인과 조화를 잘 이룬다.

51. 다음 중 '모스카토 다스티(Moscato d'Asti)'에 대한 설명 중 옳지 않은 것은?

① 알코올 농도가 낮고 스위트하다.
② 압력이 낮기 때문에 보통 와인 병에 넣어서 판매하며, 오래 두지 않고 바로 마신다.
③ 사용하는 품종은 '모스카토 비안코(Moscato Bianco)'라는 청포도로 프랑스에서 '뮈스카 블랑 아 프티 그랭(Muscat Blanc à Petits Grains)'이라고 부르는 품종이다.
④ IGT/IGP 급 와인이다.

⑤ '프리찬테(Frizzante)'에 속한다.

52. 상표에 '바르바레스코 리제르바(Barbaresco Riserva)'라고 표시되어 있으면 숙성기간은?

① 약 1년   ② 약 2년
③ 약 3년   ④ 약 4년
⑤ 약 5년

53. 다음 중 '아마로네(Amarone)'에 대한 설명 중 옳지 않은 것은?

① 발효 후 알코올(브랜디)을 첨가한 강화 와인이다.
② 수확한 포도를 건조시켜 발효한다.
③ 원산지명칭(DO)은 'Amarone della Valpoicella'로 DOCG급이다.
④ 일반 와인보다 알코올 농도가 높다.
⑤ 드라이 와인이다.

54. 2003년 스페인 와인 법률을 개정할 때 새로 제정한 '데노미나시온 데 파고(Denominación de Pagos)'란 어떤 와인인가?

① 지리적 명칭이 없는 여러 지역의 블렌딩 와인으로 지역, 포도품종, 빈티지를 표시하지 않는 와인에 부여하는 명칭
② 특별한 미기후(Microclimate)를 가지고 뛰어난 와인을 생산하는 단일 포도밭 와인에 부여하는 명칭
③ 프랑스 '뱅 드 페이(Vins de Pays)'와 유사한 것으로 비교적 넓은 범위의 지명이 붙는 와인에 부여하는 명칭
④ 값싼 수입 와인과 구별하기 위해서 새로 만든 테이블 와인으로, 스페인에서 생산되는 포도로만 만든 와인에 부여하는 명칭

⑤ 스페인 고유의 '템프라니요(Tempranillo)' 단일품종으로 만든 고급 와인에 부여하는 명칭

55. 다음 중 '카바(Cava)'에 대한 설명 중 옳지 않은 것은?

① 샴페인 방식으로 병에서 2차 발효를 한다.
② '카탈루냐(Cataluña)' 지방에서 생산된 스파클링와인만을 '카바'라고 한다.
③ 1800년대 후반부터 샴페인을 모방하여 생산하기 시작했다.
④ 사용되는 품종은 마카베오(Macabeo), 사렐로(Xarel-lo), 파레야다(Parellada), 샤르도네(Chardonnay) 등이다.
⑤ 법적으로 최소 9개월 이상 숙성시키도록 되어 있지만 실제로는 이보다 두 배 이상 몇 년씩 숙성시킨다.

56. 다음 스페인 원산지명칭(DO) 중에서 가장 북쪽에 있는 곳은?

① 헤레스세레스세리(Jerez-Xérès-Sherry)
② 라만차(La Mancha)
③ 나바라(Navarra)
④ 발렌시아(Valencia)
⑤ 말라가(Málaga)

57. 다음 스페인 와인에 대한 설명 중 옳지 않은 것은?

① 스페인은 세계에서 세 번째로 넓은 포도밭을 가지고 있지만, 날씨가 건조하고 관개시설이 빈약하여 생산성이 좋지 않다.
② 보르도의 영향을 받아 '스페인의 보르도'라고 알려져 있는 곳으로 중세부터 스페인에서 프랑스로 가는 길목에 있는 원산지명칭(DO)은 '리오하(Rioja)'이다.
③ '페네데스(Penedés)'는 카탈루냐 지방의 원산지명칭(DO)으로서 1970년대부터 스테인리스스틸 탱크를 도입하고, 프랑스 품종을 사용하였다.
④ '도미니오 데 발데푸사(Dominio de Valdepusa)'는 스페인 최초로 '파고(DO de Pago)'가 된 곳이다.
⑤ 스페인에서 가장 비싼 와인으로 알려진 '베가 시실리아(Vega Sicilia)'가 나오는 원산지명칭(DO)은 '리베라 델 두에로(Ribera del Duero)'이다.

58. 스페인 셰리를 숙성시키는 '솔레라(Solera) 시스템'에 대한 설명 중 옳지 않은 것은?

① 반자동 블렌딩으로 셰리에는 빈티지가 표시되지 않는다.
② 반자동 블렌딩으로 급격한 품질 변화가 없다.
③ 숙성은 보통 지상에 만든 창고에서 하는데, 그 이유는 신선한 공기가 필요하기 때문이다.
④ 해마다 새 오크통으로 교환하므로 향미가 강해진다.
⑤ 보통 500 ℓ 오크통에서 숙성시킨다.

59. 다음 스페인 셰리에 대한 설명 중에서 옳지 않은 것은?

① 영국 상인들이 세계적으로 퍼뜨린 대표적인 식전주(Apéritif)이다.
② '만사니야(Manzanilla)'의 원산지명칭(DO)은 '만사니야 산루카르 데 바라메다(Manzanilla Sanlúcar de Barrameda)'로 표기된다.
③ 와인을 오크통에 넣어 뚜껑을 열어 놓고, 표면에 '플로르(Flor)'가 형성된 것만 셰리라고

한다.

④ '헤레스 델 라 프론테라(Jerez de la Frontera)', '산루카르 데 바라메다(Sanlúcar de Barram-eda)', '엘 푸에르토 데 산타 마리아(El Puerto de Santa Maria)' 세 군데를 묶어서 셰리의 삼각지대라고 한다.

⑤ 강우량이 500㎜ 이하이고, 300일 이상 맑은 날이 지속되는 곳으로 이 지방 포도는 당도는 높지만 산도가 약하다.

60. 다음 포르투갈 와인에 대한 설명 중 옳지 않은 것은?

① 포르투갈은 이탈리아, 스페인과 마찬가지로 화이트와인보다는 레드와인을 많이 생산한다.

② 1756년 도우로(Douro)를 시작으로 원산지표시 제도를 실시하였고, 1987년 유럽연합(EU)에 가입하면서 프랑스를 모델로 다시 제정하였다.

③ 프랑스의 '뱅 드 페이(Vins de Pays)'에 해당되는 원산지표시는 'IPR(Indicação de Proveniência Regulamentada)'이다

④ 1인당 와인 소비량은 이탈리아, 스페인보다 더 많은 와인 강국이라고 할 수 있다.

⑤ 세계적으로 유명한 강화 와인인 '포트(Port) 와인'은 '도우로(Douro)' 지방에서 나온다.

61. 다음 '포트(Port)와인에 설명 중 옳지 않은 것은?

① 다양한 토양에 일조량, 고도 등이 일정하지 않아서 수많은 '미기후(Microclimate)'가 형성되는 곳에서 포도를 재배한다.

② 영국인이 가장 많이 소비하는 와인으로 오크통 채로 영국에 수출하면, 영국 업자들이 병

에 넣고 상표를 붙인다.

③ '빈티지 포트(Vintage Port)'는 오크통에서 2년 숙성시킨다.

④ 첨가하는 알코올은 반드시 와인을 증류한 것으로 보통 77 % 정도 되는 것을 사용한다.

⑤ 화이트와인 품종으로 '화이트 포트(White port)'도 만든다.

62. 다음 중 '마데이라(Madeira)' 제조과정에서 마데이라 고유의 향미를 얻게 되는 결정적인 과정은?

① 화산토에서 포도를 재배한다.

② 효모 찌꺼기와 함께 숙성시킨다.

③ 가열 과정 혹은 강렬한 햇볕에 노출시킨다.

④ 밤나무로 만든 나무통을 사용한다.

⑤ 여러 가지 품종을 블렌딩한다.

63. 다음 용어 중에서 독일의 VDP 와인등급에 해당되지 않은 것은?

① GROSSE LAGE

② ORTSTEILLAGE

③ ORTSWEIN

④ ERSTE LAGE

⑤ GUTSWEIN

64. 다음 독일 와인에 대한 설명 중에서 옳지 않은 것은?

① AP(Amtliche Prüfnummer)번호의 마지막 두 단위 숫자는 빈티지를 나타낸다.

② '클라식(Classic)'과 '젤렉치온(Selection)'은 드라이 와인의 품질등급으로 단일 품종을 원칙으로 한다.

③ 독일 와인 중에서 독수리 로고가 붙어 있는

VDP 와인은 '독일우수와인양조협회' 회원이
라는 표시다.

④ '데어 노이에(Der Neue)'는 프랑스 누보와 같
은 개념으로, 수확한 해에 판매할 수 있는 와
인을 말한다.

⑤ '프래디카츠바인(Prädikatswein)'은 종전의
QmP(Qualitätswein mit Prädikat)를 말한다.

65. 독일 와인 생산지방 중에서 가장 북쪽에 있는
것과 가장 남쪽에 있는 것을 짝 지은 것은?

① 프란켄(Franken) - 팔츠(Pfalz),

② 라인가우(Rheingau) - 뷔르템베르크(Würt-
temberg)

③ 라인헤센(Rheinhessen) - 나헤(Nahe)

④ 모젤(Mosel) - 뷔르템베르크(Württemberg)

⑤ 아르(Ahr) - 바덴(Baden)

66. 오스트리아에서 3개월 이상 건조시킨 포도
(당도 25 °KMW 이상)로 만든 와인을 무엇이
라고 하는가?

① 페더바이스(Federweiss)

② 베르크바인(Bergwein)

③ 슈타인페더(Steinfeder)

④ 슈트로바인(Strohwein)

⑤ 레제르베(Reserve)

67. 헝가리 '토카이(Tokaji)'에 대한 설명 중 옳지
않은 것은?

① '토카이 푸르민트(Tokaji Furmint)'는 보트리
티스(Botrytis cirnerea) 곰팡이 낀 포도 중에
서 가장 당도가 낮은 것으로 만든 것이다.

② 헝가리에서는 보트리티스(Botrytis cirnerea)
곰팡이 영향을 받은 포도를 '아수(Aszú)'라

고 한다.

③ 보트리티스(Botrytis cirnerea) 곰팡이가 낀 포
도로 만든 와인으로 독일보다 100년, 프랑스
보다 200년 앞섰다고 볼 수 있다.

④ 두 개의 강이 합류하는 곳이기 때문에, 가을
안개가 잘 끼면서 온화한 기온으로 보트리티
스(Botrytis cirnerea) 곰팡이가 잘 자랄 수 있
는 환경을 조성해 준다.

⑤ 사용되는 품종은 푸르민트(Furmint), 하르
쉬레벨류(Hárslevelü), 머스캇 루넬(Muscat
Lunel), 오레무스(Orémus) 등이다.

68. 다음 미국의 '지정재배지역'을 나타내는 AVA
에 대한 설명 중 옳은 것은?

① 1983년부터 시행하여, 캘리포니아에서만 시
범적으로 사용하고 있다.

② American Vineyards Area를 약자로 표시한
것이다.

③ 각 AVA에 따라서 사용하는 포도 품종, 재배방
법, 생산방법 등에 대한 규정이 정해져 있다.

④ AVA를 상표에 표시할 경우 해당 AVA에서
생산된 포도를 100 % 사용해야 한다.

⑤ 메이커 자신이 정한 품질기준과 소비자 요구
를 부합시켜 자율적으로 관리한다.

69. 다음 '나파 카운티(Napa County)' AVA 중
가장 북쪽에 있는 것은?

① 오크 놀 디스트릭트(Oak Knoll District)

② 오크빌(Oalville)

③ 스테크스 립 디스트릭트(Stags Leap District)

④ 하우엘 마운틴(Howell Mountain)

⑤ 와인드 홀스 밸리(Wild Horse Valley)

70. 다음 미국 와인에 대한 설명 중에서 옳지 않은 것은?

① 'Estate Bottled'라고 상표에 표시된 경우는 해당 와이너리에서 재배하고 발효, 숙성시킨 와인을 100 % 사용할 경우에 한한다.

② 상표에 원산지 표시가 '캘리포니아'로 표시된 경우는 캘리포니아에서 나오는 포도를 100 % 사용해야 한다.

③ 보르도 타입으로 만들어 세계적으로 인기가 좋은 '인시그니아(Insignia)'는 '조셉 펠프스 빈야즈(Joseph Phelps Vineyards)'에서 나온다.

④ 오리건 주에서 최초로 '피노 누아(Pinot Noir)'를 개척한 선구자는 '데이빗 렛(David Lett)'이다.

⑤ '엄프쿠아 밸리(Umpqua Valley)'는 워싱턴 주에 있는 AVA이다.

71. 다음 중 오스트레일리아 와인에 대한 설명 중 옳지 않은 것은?

① 오스트레일리아 와인 상표에 'BIN'이라고 표시된 것은 탱크 번호 등을 상표에 표시한 것이다.

② 규제가 없으므로 부지선정, 품종이나 클론의 선택, 재배방법, 수확, 양조기술 등 모든 면에 새로운 기술을 적용하여 품질을 개선하고 있다.

③ 오스트레일리아의 주 중에서 와인 생산량이 가장 많은 곳은 '사우스오스트레일리아(South Australia)'이다.

④ 오스트레일리아 와인의 국가적인 상징인 '그레인지(Grange)'를 개발한 사람은 '크리스토퍼 로손 펜폴즈(Christopher Rawson Pen-folds)'이다.

⑤ 역사가 오래된 와인산지 '헌터(Hunter)'는 '뉴사우스웨일스(New South Wales)' 주에 있다.

72. 다음 중 남아프리카 와인에 대한 설명 중에 옳지 않은 것은?

① 1805년 나폴레옹 전쟁 때 영국이 지배하면서, 포도재배와 와인양조가 시작되어 영국시장을 중심으로 와인산업이 발달하였다.

② 1973년부터 원산지명칭통제 제도(WO, Wine of Origin)를 시행하여 품질을 향상시키고 있다.

③ 남아프리카에서 개발한 품종인 '피노타쥐(Pinotage)'는 '피노 누아(Pinot Noir)'와 '생소(Cinsaut)'를 교잡시킨 것이다.

④ '스텔렌보쉬 지역(Stellenbosch District)'은 대표적인 와인산지로서, 이곳의 대학에서는 와인 양조와 포도재배 학과가 있어서 젊은 와인메이커를 교육하고 있다.

⑤ 남아프리카에 널리 퍼져 있는 '스틴(Steen)'이라는 품종은 프랑스에서 '슈냉 블랑(Chenin Blanc)'이라고 한다.

73. 다음 칠레 와인에 대한 설명으로 옳지 않은 것은?

① 칠레에서 '메를로(Merlot)'와 혼동을 일으켜, 최근까지도 상표에 '메를로'로 표기했었던 품종은 '카르메네레(Carmenère)'로 밝혀졌다.

② 칠레의 포도재배는 16세기 중반 정복자들과 선교사들이 유럽 포도를 멕시코를 거쳐 페루에서 가져오면서 시작되었다.

③ 정치적으로 스페인 영향권에 있었으나, 와인은 프랑스 이민자의 영향을 많이 받았다.

④ 칠레가 자랑하는 '알마비바(Almaviva)'는 '에라수리스(Errazúriz)'와 프랑스 '바롱 필립 드 로트칠드(Baron Philippe de Rothchild)'의 합

작으로 생산되는 와인이다.

⑤ '카차포알(Cachapoal)'은 칠레 와인산지 중에서 '센트럴 밸리(Central Valley)'에 속한다.

74. 다음 아르헨티나 와인에 대한 설명 중 옳지 않은 것은?

① 생산량의 50 % 이상을 100여 개국에 수출하는 수출주도형 와인산업이 발달되어 있다.

② '멘도사(Mendoza)'는 아르헨티나 와인의 80 % 이상 생산하는 대표적인 와인산지로서 '말베크(Malbec)'를 많이 재배한다.

③ '리오 네그로(Río Negro)'는 파타고니아(Patagonia) 지방에 속한다.

④ 포도밭은 주로 안데스 산맥 기슭의 해발 1,000 m 이상의 고지대에 분포되어 있다.

⑤ 필록세라를 비롯한 병충해가 없어 유기농 재배가 가능한 곳이 많다.

75. 다음 동양 3국의 와인에 대한 설명 중 옳지 않은 것은?

① 일본에는 유럽에서 건너와서 일본에 정착한 포도(Vitis vinifera)가 남아있지만 우리나라에는 없다.

② 해방 이후 우리나라에서 상업적으로 생산된 과실주 중에서 가장 먼저 나온 것은 '마주앙'이다.

③ '머스캣 베일리 에이(Muscat Bailey A)'는 1950년대 일본에서 개발된 양조 겸용 포도로서 일명 '머루포도'라고도 한다.

④ 우리나리에서 가장 많이 재배되는 품종은 '캠벨 얼리(Campbell Early)'이다.

⑤ 중국의 와인 생산량은 세계 5위권 가까울 정도로 급속하게 성장하고 있다.

와인 서비스 및 관능검사 (10문제×5점/문제 = 50점)

76. 다음에서 와인의 '관능검사'에 대한 설명 중 옳지 않은 것은?

① 와인을 시각, 후각, 미각, 촉각적으로 검사하고 분석하여 느낀 점을 명확한 언어로 표현하고 판단하는 일이다.

② 관능검사는 품종, 원산지, 빈티지 등을 알아맞히는 것이 아니고, 와인이 맛있는지 없는지 평가하는 것이고, 그 결과를 명확한 수치나 언어로 표현하는 것이다.

③ 목적과 그에 맞는 적합한 방법과 패널의 선정으로 얻은 결과를 통계분석으로 처리해야 성공적으로 이용될 수 있다.

④ 감각기관의 예민도는 태어날 때 결정되기 때문에 유능한 감정가는 감각이 더 뛰어난 것은 아니고, 훈련을 통해서 집중력과 기억력을 키워서 보다 명확한 인지를 하는 것이다.

⑤ 테이스팅 전문가가 되려면, 테이스팅을 하고 느낀 점을 문학적으로 표현할 수 있는 자질을 길러야 한다.

77. 다음 중 시각으로 추정 가능한 정보 중에서 옳지 않은 것은?

① 대체로 '카베르네 소비뇽(Cabernet Sauvignon)', '시라(Syrah)' 등은 '피노 누아(Pinot Noir)'나 '가메(Gamay)' 등보다 색깔이 진하고 두텁다.

② 화이트와인의 색깔이 옅으면서 연두 빛을 띠고 있으면, 늦게 수확했거나 더운 지방에서 자란 것으로 볼 수 있다.

③ 숙성이 오래된 것일수록 화이트와인은 갈색으로, 레드와인은 진한 벽돌색으로 변한다.

④ 요즈음은 정제기술이 발달하여 웬만한 와인

은 투명하고 밝게 빛나므로 외관에 대한 중요도가 감소하고 있다.

⑤ 와인을 글라스에 따랐을 때 유리벽을 따라 점성물질이 흘러내리는 현상(Leg 혹은 Tear)을 일으키는 주요 원인물질은 알코올이다.

78. 다음 중 미각과 후각에 대한 설명 중 옳지 않은 것은?

① 단맛은 혀의 끝부분, 신맛은 혀의 가장자리, 쓴맛은 혀의 안쪽 그리고 짠맛은 혀의 가운데 부분에서 느낀다.

② 후각으로 감지될 수 있는 물질은 반드시 휘발성이라야 한다.

③ 미각으로 감지될 수 있는 물질은 물 혹은 침에 녹아야 한다.

④ 최근에 미각에서 네 가지 기본 맛(단맛, 신맛, 짠맛, 쓴맛) 외에 '감칠맛'이 추가되었다.

⑤ 후각은 개인에 따라서 느끼는 정도의 차이가 심하여, 동일한 물질이라도 사람에 따라 다르게 반응할 수 있다.

79. 와인의 향미를 표현하는 용어 중에서 'Tired'에 대한 설명 중 가장 적합한 것은?

① 타이어 즉 고무 냄새가 나는 와인

② 신선함이나 아로마가 부족한 것으로 전성기가 지난 와인

③ 둥글다는 뜻으로 특성이 뚜렷하지 않은 원만한 와인

④ 단맛이 너무 강해서 금방 질리는 와인

⑤ 알코올 농도가 낮아서 가볍게 느껴지는 와인

80. 다음 중 와인의 향미와 온도의 관계를 옳지 않게 설명한 것은?

① 레드와인을 실온으로 서비스한다고 할 때, 실온이라 함은 25℃ 정도의 온도를 말한다.

② 와인의 온도가 높아질수록 단맛이 강하게 느껴지기 때문에, 아이스와인 등 단맛이 강한 와인은 낮은 온도로 서비스한다.

③ 와인의 온도가 낮을수록 쓰고 떫은맛이 강하게 느껴지기 때문에, 타닌이 많은 레드와인은 약간 높은 온도로 서비스한다.

④ 와인의 온도가 낮을수록 향이 덜 느껴지기 때문에, 화이트와인을 테이스팅할 경우에는 온도를 약간 높이는 것이 좋다.

⑤ 와인의 신맛은 온도와 관계가 없지만, 쓰고 떫은맛과 상승작용을 한다.

81. 정찬 코스에서 다음 와인의 서비스 순서 중 가장 적당하다고 생각되는 것은?

> A. 드라이 피노(Dry Fino)
> B. 샤토 라 콩세이양트(Ch. La Conseillante)
> C. 푸이 퓌이세(Pouilly-Fuissé)
> D. 샤토 라 투르 블랑슈(Ch. La Tour Blanche)

① A → C → B → D

② B → C → D → A

③ C → D → A → B

④ D → B → C → A

⑤ B → A → C → D

82. 손님이 '스틸톤(Stilton)' 치즈를 주문하였다. 이때 추천할 와인으로 다음 중 가장 적합한 것은?

① 포트(Port)

② 샤토 클리네(Ch. Clinet)

③ 마디렁(Madiran)

④ 포마르(Pommard)

⑤ 코트 로티(Côte Rôtie)

83. 프랑스 남부지방에서 양젖으로 만든 치즈로서, 콩발로(Combalou) 산에 있는 천연 동굴에서 숙성시키면서 푸른곰팡이를 내부에 번식시킨 블루치즈의 이름은?

① 로크포르(Roquefort)

② 콩테(Comté)

③ 카망베르(Camembert)

④ 블뢰 데 코스(Bleu des Causses)

⑤ 고르곤졸라(Gorgonzola)

84. 다음 중 신선한 드라이 화이트와인과 신선하고 가벼운 드라이 레드와인을 짝 지어 놓은 것은?

① 카오르(Cahors) - 이니스킬린(Inniskillin)

② 샤토 그리에(Château Grillet) - 몽바지야크(Monbazillac)

③ 푸이 퓌메(Pouilly Fumé) - 생타무르(Saint-Amour)

④ 소아베(Soave) - 블루 넌(Blue Nun)

⑤ 프란차코르타(Franciacorta) - 아몬티야도(Amontillado)

85. 다음 와인과 건강에 대한 설명 중 옳지 않은 것은?

① 개인적으로 술을 분해하는 효소의 능력에 차이가 있는 것은 유전적인 요인이 가장 크다.

② 알코올이 산화되어 나오는 열량은 그램(g)당 7칼로리 정도 된다.

③ 간을 보호하려면, 영양소를 보충해 주기 위하여 안주를 충분히 들고, 필요하면 간장약

을 드는 것이 좋다.

④ 일반적으로 여성은 남성보다 술에 약하다 것이 정설로서, 동일한 양의 알코올을 남녀 모두에게 투여할 경우, 여자는 조직의 손상, 간경변 같은 질병에 남자보다 더 약하다.

⑤ 레드와인은 화이트와인보다 두통을 더 잘 일으키는데, 이는 레드와인에 있는 아민, 페놀 화합물 등 때문이다.

기타 주류 및 관련법규 (10문제×5점/문제 = 50점)

86. 다음 맥주에 대한 설명 중 옳은 것은?

① 호프(Hof)'란 뽕나무 과 식물의 열매로, 맥주에 특유의 향기와 쓴맛을 주는 중요한 첨가제이다.

② 우리나라 주세법에서 맥주를 만들 때 중요한 원료인 '맥아'를 50% 이상 넣도록 규제하고 있다.

③ '비열처리맥주'란 맥아를 제조한 다음에 이를 가열하여 볶지 않고, 서늘한 곳에서 자연 건조 시킨 맥아를 사용하여 만든 맥주를 말한다.

④ 1인당 연간 맥주 소비량이 가장 많은 나라는 독일이다.

⑤ 맥주의 색깔은 맥아를 열풍으로 얼마나 강하게 건조시키느냐에 따라서 결정된다.

87. 다음 중 '스카치위스키(Scotch whisky)'에 대한 설명 중 옳지 않은 것은?

① 맥아의 당화효소에 의해서 당화되고, 알코올 농도는 94.8 % 이하로 증류하여, 적어도 3년

동안 저장실의 나무통에서 숙성된 것이라야 한다.

② '블렌디드 위스키(Blended Whisky)'의 숙성 기간은 각각 혼합된 위스키의 숙성기간을 평균하여 그 숙성기간을 표시한다.

③ 그레인위스키(Grain Whisky)는 옥수수나 밀 등 곡류를 맥아로 당화, 발효시킨 다음, 연속식 증류장치(Patent still)로 증류한다.

④ 몰트위스키(Malt Whisky)는 단식증류기(Pot still)로 두 번 증류한다.

⑤ 스카치위스키란 스코틀랜드에서 증류되고 숙성된 위스키만을 말한다.

88. 코냑 지방에서는 연속식 증류기를 사용하지 않고, 아직도 원시적인 단식증류기 '샤랑트 스틸(Charente Still)'을 사용하고 있는데 그 이유는?

① 향기성분이 그대로 흘러나와 훨씬 향미가 좋아지기 때문

② 한번만 증류하므로 연료비가 적게 들기 때문

③ 작업시간이 단축되기 때문

④ 숙취의 원인물질인 아세트알데히드 등 성분이 적게 나오기 때문

⑤ 운전이나 관리가 간편하기 때문

89. 코냑에 '핀 샹파뉴(Fine Champagne)'라고 표시된 문구가 뜻하는 것은?

① 샴페인과 동일한 품종과 재배방법, 양조방법으로 만든 와인을 증류하여 만든 코냑이라는 뜻

② 샹파뉴 지방 와인 기술자들이 건너와서 조성한 포도밭에서 나온 포도로 만든 코냑이라는 뜻

③ 샹파뉴 지방과 동일한 테루아르를 나타내는 포도밭에서 나온 포도로 만든 코냑이란 뜻

④ 증류하기 전 기본 와인을 샹파뉴 지방에서 가져온 것으로 만든 코냑

⑤ '그랑드 샹파뉴(Grande Champagne)' 코냑과 '프티트 샹파뉴(Petite Champagne)' 코냑을 블렌딩한 것

90. 다음 중 브랜디에 속하지 않은 것은?

① 압상트(Absinthe)

② 그라파(Grappa)

③ 오 드 비 드 마르(Eaux-de-vie-de-marc)

④ 아르마냑(Haut-Armagnac)

⑤ 칼바도스(Calvados)

91. 현행 주세법에서 분류한 주류에 해당되지 않은 것은?

① 주정   ② 브랜디

③ 리큐르   ④ 와인

⑤ 약주

92. 외국에서 맥주를 수입(FTA 체결 전)하였는데, 도착가(CIF)가 1,000 원이 되었다. 수입업자가 제세공과금을 모두 지불하고 나면 약 얼마나 되는가?

① 약 1,700 원   ② 약 2,000 원

③ 약 2,800 원   ④ 약 3,400 원

⑤ 약 4,000 원

93. 다음 행위 중 식품위생법 상 '단란주점'에서 허용되는 사항은?

① 식사

② 식사, 음주

③ 식사, 음주, 노래

④ 식사, 음주, 노래, 춤

⑤ 식사, 음주, 노래, 춤, 유흥종사자 동반

94. 다음 중 주세법 상 합법적인 행동은?

① 식당을 하면서 자기가 직접 담근 와인을 식당에 온 손님에게 공짜로 주었다.

② 내가 만든 와인을 친구들이 놀러 와서 집에서 같이 마셨다.

③ 자신이 직접 포도를 재배하여 만든 와인을 포도를 사가는 사람들에게 공짜로 주었다.

④ 막걸리학교에서 제조방법을 배운 후 막걸리를 만들어서 내가 운영하는 식당에서 식사하는 손님들에게 공짜로 따라주었다.

⑤ 자동차 영업 사원인데 내가 만든 와인을 차를 구입한 사람들에게 선물로 한 병씩 주었다.

95. 영업소에서 종사하는 사람이 정기 건강검진을 받아야 하는 법정기간은?

① 3개월마다　　② 6개월마다

③ 매년 1회　　④ 2년에 1회

⑤ 3년에 1회

영문 시험 (5문제×10점/문제 = 50점)

96. 다음 문장 중에서 성경 구절에 나오는 것은?

① Come, come, good wine is a good familiar creature if it be well used; exclaim no more against it.

② God made Cabernet Sauvignon and Devil

made Pinot Noir.

③ Wine is the drink of the gods, milk the drink of babes, tea the drink of women, and water the drink of beasts.

④ Wine is the most healthful and most hygienic of beverages.

⑤ Drink no longer water, but use a little wine for thy stomach's sake and thine often infirmities.

97. 다음 문장에서 설명하는 것은?

> This Spanish word has many meanings; cellar, wine producer, merchant, store selling wine, tavern.

① Crianza　　② Flor

③ Solera　　④ Viña

⑤ Bodega

98. 다음 문장에서 설명하는 것은?

> A description often applied to wine from native American varieties where the wine has a wild, earthy, gamey, grapey character. The term is most often applied disparagingly.

① Foxy　　② Coarse

③ Stemmy　　④ Clean

⑤ Tart

99. 다음 문장에서 설명하는 것은?

A term used in Burgundy, which indicates that a vineyard is owned by one estate, and only they produce wine from it. La Tache, owned by the Domaine de la Romanée-Conti, is an example.

① Négociants　　② Domaine

③ Côte　　　　　④ Monopole

⑤ Clos

100. 다음 문장에서 설명하는 것은?

Grain, generally barley, that has been allowed to germinate for short period so that the enzyme diastase may be formed.

① Malt　　　　　② Starch

③ Corn　　　　　④ Hop

⑤ Wheat

참고문헌

양조기술, 양조기술인정도서편찬위원회, 경기도 교육청, 2010

와인, 김준철, 백산출판사, 2015

와인21.com

와인학 개론, 김성혁 · 김진국 공저, 백산출판사, 2002

현대인과 와인, 김한식, 도서출판 나래, 1999

Essential 101 Tips Wine, Tom Stevenson, DK Publishing Inc., 2003

The Oxford Companion to Wine, Jancis Robinson, Oxford University Press, 1995

The Wine Buyer's Guide, Robert Parker, 1990-1998

The World Encyclopedia of Wine, Stuart Walton, 1998

Windows on the World Complete Wine Course, Kevin Zraly, New York, Seoul: Sterling
    Publishing Co. Inc., 2007

Wine Master for the Asian Palate, Jennie Cho Lee MW, Gasan Books, 2015

Wine Tasting, Michael Broadbent, Fireside Book, 1994

Wines and Sprits of France, SOPEXA

■ 저자 소개

김준철
한국와인협회 회장
김준철와인스쿨 원장

안 빈
여주대학교 호텔조리베이커리과 교수

안시준
중부대학교 사진영상학과 교수

이선희
전북대학교 평생교육원 교수

조재덕
한국호텔관광실용전문학교 교수

저자와의
합의하에
인지첩부
생략

소믈리에 와인의 세계

2017년 3월 15일 초 판 1쇄 발행
2020년 8월 30일 개정판 2쇄 발행

지은이 김준철 · 안빈 · 안시준 · 이선희 · 조재덕
펴낸이 진욱상
펴낸곳 백산출판사
교 정 편집부
본문디자인 강정자
표지디자인 오정은

등 록 1974년 1월 9일 제406-1974-000001호
주 소 경기도 파주시 회동길 370(백산빌딩 3층)
전 화 02-914-1621(代)
팩 스 031-955-9911
이메일 edit@ibaeksan.kr
홈페이지 www.ibaeksan.kr

ISBN 979-11-5763-478-1 93570
값 24,000원